大开间与 LOFT 的意趣小宅

色彩和质感打造小空间家居感性之美

宜家文化 编

化学工业出版社

·北京·

参加编写人员名单

汪霞君　罗小芩　黄鹤龄　吴细香　吴丽丹　李青莲　陈从奎　周雄伟
李慧莉　陈模照　罗小政　钟建栋　林价志　李平忠　张仁元　刘凤春

图书在版编目（ＣＩＰ）数据

大开间与 Loft 的意趣小宅 ：色彩和质感打造小空间
家居感性之美 / 宜家文化编 . -- 北京 ：化学工业出版
社， 2015.10
　 ISBN 978-7-122-25063-6

　Ⅰ. ①大… Ⅱ. ①宜… Ⅲ. ①住宅-室内装饰设计
Ⅳ. ① TU241

　中国版本图书馆 CIP 数据核字 (2015) 第 207197 号

责任编辑：林　俐　　　　　　　　　　　　　　　　　装帧设计：宜家文化

出版发行：化学工业出版社（北京市东城区青年湖南街13号　　　邮政编码100011）
印　　装：北京瑞禾彩色印刷有限公司
880mm×1092 mm　　 1/16　　 印张 10　　 字数 250千字　　 2015年10月北京第1版第1次印刷

购书咨询：010-64518888（传真：010-64519686）　　　　　　售后服务：010-64518899
网　　址：http：//www.cip.com.cn
凡购买本书，如有缺损质量问题，本社销售中心负责调换。

定价：49.80元

目录 contents

LOFT 小户型

LOFT 户型一般是层高在 5 米左右，面积在 30 ~ 50 平方米的小户型。因为可以分割成两层，实际使用面积就可达到销售面积的近两倍。而且高层高空间变化丰富，业主可以根据自己的喜好随意设计。一般设计为下层做客厅、餐厅、厨房，上层做卧室和书房。

•风格

中式风格设计追求大气稳重的感觉，家具规格相对较大，不太适合用于空间较小的 Loft 中；同理，欧式风格繁复的细节处理会给 Loft 空间增加压力。因此，简洁的现代风格、清新的田园风格相对来说更适合 Loft。

•隔断

尽量避免增加实体墙，尤其是二层对外房间的墙体，能不加则不加。否则，从上往下看不够通透，从下往上看又让人觉得压抑。可用玻璃或高度适中的栏杆代替，宽大的落地窗帘则是弥补房间私密性的妙招。

•格局

格局的划分很重要，有些 Loft 二层的高度仅有 2.3 米左右，再加上灯具，就显得更低，如果将需要走来走去的开放式厨房操作区及最常待的沙发休闲区设置在此处，压抑感和不舒适感均会明显增强。

•色彩

一般面积不大或层高较低的 Loft 房间中主体色不要超过三种，配色不要超过五种，否则会出现杂乱拥挤的效果。此外，房间采光程度与色彩运用也有关系，采光好用色可深、图案可花，采光差用色要浅、要干净。

设 计 师　张晨亮

时尚教主

建筑面积　82平方米
装修主材　强化地板、个性瓷砖、定制家具、个性软装饰品
设计公司　王凤波装饰设计机构

特色指数：★★★★☆
经济指数：★★★☆☆
实用指数：★★★☆☆
大众指数：★★☆☆☆

　　波普风格是二十世纪六七十年代，在欧美广泛流行的一种装饰风格。发源于上世纪六十年代，是朋克文化的时尚潮流产物。英国国旗图案就是波普艺术的标志性符号之一。

　　本案例设计师从波普风格当中，提取出独特的装饰元素，赋予了整个家居空间更多的创意性。在空间中，米字旗符号被不断重复，各种颜色、大小的米字旗出现在墙壁上、家具上以及各类装饰品上，成为空间的主题元素之一。而其他丰富美丽的波普风格的图案也在空间内起到了很好的装饰作用，例如客厅的一整面墙及主卫的瓷砖，都营造出浓郁的波普风。

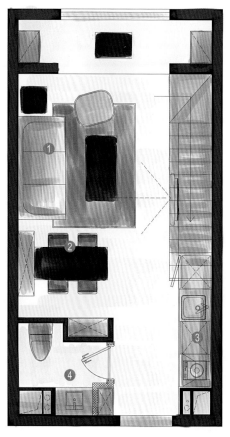

一层平面布置图

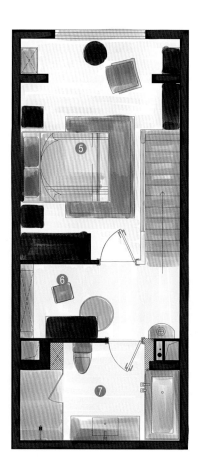

二层平面布置图

① 客厅　　② 餐厅　　③ 厨房　　④ 客卫　　⑤ 卧室　　⑥ 书房　　⑦ 主卫

利用色彩对比扩大空间

利用强烈的色彩对比来增加空间的趣味性和视觉层次感，从而达到扩大空间感的目的。深蓝色的休息区壁纸搭配红色的装饰柜，使得空间不再单调乏味，黄色的穿插点缀更让空间增加了色彩的反差对比，达到了扩大空间的目的。

波普风格背景墙让人产生高度错觉

繁花似锦的波普风格背景墙，极尽发挥了色彩的魅力，在纯白的其他墙面和房顶的映衬下显得格外绚丽夺目，反而让原本不高的空间产生了很高的错觉。

利用过道增设厨房位置

在狭小的过道上增设厨房位置，小小的过道起到了放大厨房和过道的双重功能，是小户型装修节省空间的有效手段。

黑白色调的楼梯仿佛钢琴旋律一般优美，延展了空间视觉，楼梯下面增设了储物空间，并同时兼备电视柜的功能，一举多得，重复利用空间。墙面上精心设计的明星动物头像，给空间增加了生机和趣味性。

看一个设计用心与否，从卫生间来观察是最直接的了。拥有夸张造型的瓷砖和家具饰品，富有强烈的表现力，和其他空间做了很好的衔接。同时上半部分墙面和房顶做了留白处理，增加了空间的透气感，让整个空间不至于过于局促。

 用绚丽多彩的颜色将家居空间打造成律动的时尚魔方。各种新奇怪诞的装饰品是波普风格的必备杀手锏，特殊订制的色彩斑斓的做旧家具，复古的黑皮沙发以及同样具有波普色彩的米字旗装饰品给空间带来了一种厚重的质朴感。

设 计 师 陈铌

质感小宅

建筑面积　80 平方米
装修主材　巴黎灰大理石、白色混水漆
设计公司　上海荷道设计

特色指数：★★☆☆☆
经济指数：★★★★☆
实用指数：★★★☆☆
大众指数：★★★★☆

　　Loft 的消费人群定位大多是以年轻人为主，追求时尚与潮流，非常注重空间的实用性。本案例改造后的平面充分完整地利用了户型的每一寸空间，赋予每一寸空间价值。设计师巧妙地利用了楼梯与电视背景墙，做成整排书柜，在美观实用的基础上，又赋予文化气息，是整个空间最美的亮点。二楼两个房间平面布置有主有次，使房间既舒适又不缺乏功能需要，完美地满足家里每个人的需求。顶面和墙面采用镜面的装饰，可以在视觉上倍增空间体量，使原本较小的空间看起来宽敞很多。设计手法上，在现代简约的基础上辅以混搭风格，给空间注入新的元素，富有趣味性。

一层平面布置图

二层平面布置图

① 客厅　② 餐厅　③ 厨房　④ 客卫　⑤ 主卧　⑥ 主卫　⑦ 次卧

与众不同的踏步设计缩小了楼梯面积

一宽一窄的踏步设计有效地缩小了楼梯所占的面积，使得空间增加了回旋余地，电视墙融入储物架内，置于楼梯的下方的空间，既重复利用了空间又放大了电视墙。

收纳功能强大的电视墙设计

实用的电视墙在满背景功能的同时具有不容小觑的收纳空间，可以放置书籍和各类装饰品；蓝色的细节点缀和室内的椅子形成色彩的呼应。

利用镜面放大空间

大量的镜面应用是空间放大的实用手法，客厅和餐厅的天花吊顶并没有区隔划分，而是用简洁的手法做了镜面天花，增加了层高感受，餐厅处的镜面背景同样放大了视觉空间。

这个小家的软装配饰方面也是颇为讲究，如同蒲公英一样的金属吊灯、垂感的陶瓷餐厅灯、简约的落地灯从材质和造型两方面将空间定格在时尚动感的风格中。

卧室床头设计了方便起夜的阅读灯和灯带，简约的扣皮硬包拉升了空间高度。空间上，卧室和衣帽间自连通，没有设置木门，打破常规，增加舒适度。悬空的工作台面释放了地面空间，同时避免了卫生死角，简约而时尚。⊙

在低矮的空间利用竖条纹壁纸无疑是拉高空间的好方法，同时整体色彩采用经典的红蓝搭配，打造出一个属于孩子自己的私密空间。⊙

综合点评 本案是一个拥有了高级灰和时尚蓝的样板房，黑色的穿插给空间界定了框架，镜面的应用有效放大空间的视觉感，时尚的软装饰品点缀其中，是典型的低奢质感小宅。

摩登色彩

设 计 师 龙斯特

建筑面积 85 平方米
装修主材 仿古砖、实木地板、乳胶漆墙面、墙绘、彩色乳胶漆
设计公司 北京王凤波装饰设计机构

特色指数：★★★★★
经济指数：★★★★☆
实用指数：★★★★☆
大众指数：★★★☆☆

　　利用色彩来体现空间的魅力，是小户型很常见的一种装饰手法。设计师在本案例设计中，大胆采用多种艳丽的色彩来装点居室，展现出一种不同寻常的空间魅力。在整体的白色基调上，设计师在局部的墙面、地面，以及家具和装饰品上，采用了非常浓烈且对比度很强的色彩，形成令人眼前一亮的装饰效果。让人不禁发出"原来还可以这样！"的感叹。

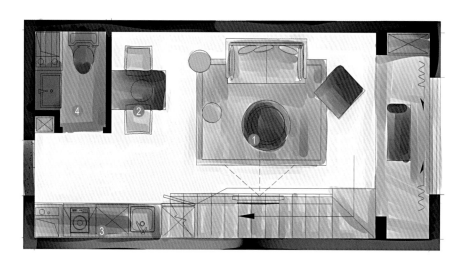

一层平面布置图

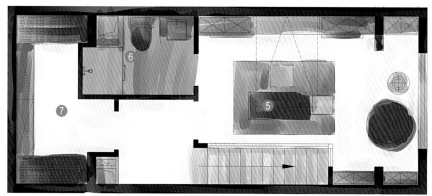

二层平面布置图

① 客厅　② 餐厅　③ 厨房　④ 客卫　⑤ 卧室　⑥ 主卫　⑦ 衣帽间

书房与楼梯的隔墙换成落地玻璃

二楼的书房与楼梯相邻，设计师为了更好地突出 LOFT 的空间特性，特意把书房临近楼梯的墙面全部改为落地玻璃，并用黑色边框与楼梯空间相呼应，这样便使得整个空间更加通透敞亮。

空间的充分利用

小户型的每一处空间都要充分利用，客厅的飘窗台同样也不例外。设计师在飘窗台上铺上黑白相间的软垫，再利用墙面设计书柜，使原本无用的角落空间变成一个品茶看书的休闲区。

客厅利用强烈的色彩对比制造出一幅不同寻常的精美画面，黑色沙发与颜色艳丽的抱枕、鼓凳形成撞色，沙发墙面上悬挂具有设计感的装饰画组合，使整个客厅色彩饱满而热烈。

在 LOFT 空间设计中最为重要的楼梯区域。设计师大胆采用了黑白对比，墙面与楼梯踏步的造型，均为钢琴键图案的衍生，寓意着像旋律般悠扬的生活。

⌄

 综合点评 为打造时尚现代的 LOFT 小空间，设计师使用多种鲜艳的颜色来进行装饰，颜色杂而不乱，让整个空间呈现浓墨重彩、繁花似锦的场景。

设 计 师 张东

几何美宅

建筑面积 87 平方米
装修主材 浅木色地板、深木色饰面、细花白大理石、白纱帘、几何形灯
设计公司 硕美创高设计

特色指数：★★★★☆
经济指数：★★★★★
实用指数：★★★★★
大众指数：★★★☆☆

　　业主是一位成功的单身男性，生活节奏是两个月在国外，一个月在国内。这是他在北京的第一个家，面积并不大，上下加起来也就 87 平方米左右。这个房子基本是一个人住，想要两个卧室，因为偶尔会有家人或朋友来住一下。喜欢看电视、看书，希望能有一个独立的书房。偶尔会下厨，所以厨房也很重要，干净、整洁是必须的。要有洗衣服，晒衣服的地方，进出门有能挂大衣和包的地方。还有就是收纳，不喜欢屋子乱，最好能藏起来的都藏起来，要有鞋柜、衣柜。设计上比较喜欢绿色，向往自由，喜欢天空、白云、大海。屋子的风格倾向简约，但一定要彰显主人的喜好和品位。

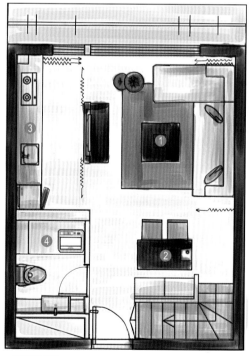

一层平面布置图

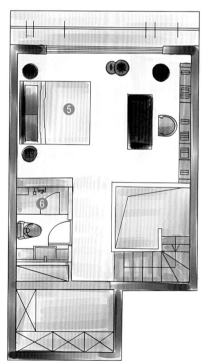

二层平面布置图

① 客厅　② 餐厅　③ 厨房　④ 客卫　⑤ 卧室　⑥ 主卫

电视背景墙充当厨房与客厅的隔断

白色大理石的电视背景具有实用功能之外，还充当了厨房与客厅间的隔断，似透非透间拓展了空间感受，并且巧妙地将冰箱也暗藏在整体橱柜之内，让空间尽量减少多余的凸出面，整齐划一。

几何形状工作台增加空间的张力

二层的整体空间均用白色纱帘作为空间的隔断，使整个空间产生一种朦胧的美感，且划分了功能区，增加了私密性。工作台后面设计了整面墙的书架，充分利用了室内空间，书架采用不规则长方形组合构成，增加了律动感。几何形状的工作台给人一种不规则的现代科技感，同样增加了空间的张力。

整个空间以白色为主，白色墙面、沙发、家具及摆饰，然而白色运用得这样多却不感觉单调乏味，原因是点缀的绿色比较温和，绿色的杯子、抱枕与墙面装饰画，运用得恰到好处，让人感觉清爽而温馨。 ⊙

用纯白的几何墙面当做楼梯扶手，和整体白色的墙面自然衔接。白色的纱帘则充当了半透明的空间隔断，似透非透间谱写着空间序曲。白色几何造型的装置吊装在楼梯间上方，起到了类似装饰吊灯的作用，压低了视觉中心，凸显现代几何美学的质感。

综合点评 这是一套富有现代科技感的时尚住宅，大量的白色应用增大了空间感，配以木色和绿色，平添了许多自然和情趣。绿色的装饰品和几何美学的家具是设计上的最大亮点。

小空间大生活

设 计 师 袁筱媛

建筑面积 63 平方米
装修主材 木纹砖、强化地板、彩色乳胶漆、黄色烤漆玻璃
设计公司 隐巷设计

特色指数：★★☆☆☆
经济指数：★★★★☆
实用指数：★★★★☆
大众指数：★★★☆☆

　　原空间为长8.2米、宽3.7米，类似于酒店的客房尺寸，挑高空间高度为4.2米，前后采光，洗手间设有玻璃砖以采光。因为是旧房，原户型的缺点是：空间规划较凌乱；对于光线的把握和规划不合理；楼梯设置位置不合理，使客厅过于拥挤；增加的楼板高度缺乏人体工学考虑。小空间设计要做到生活机能并不能因空间狭小而缩减，在有限的空间内如何满足甚至是提升生活方式是设计重点和难点。设计师分析现况后，合理调整空间格局，一楼空间设置玄关、客卫、客餐厅与厨房；二楼设置居空间、主卧室、更衣间与主卫。空间色彩以粉色系搭配大地色彩，绿色让空间产生一种轻松、乡村的感觉，让橡木与梧桐木在空间中更显合理。

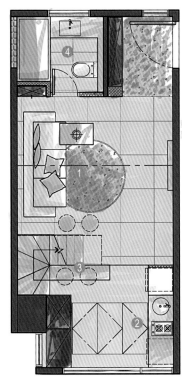

一层平面布置图

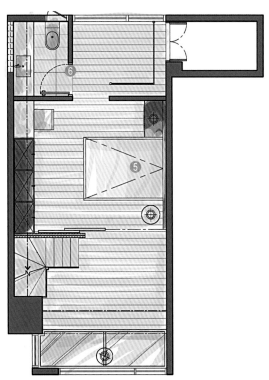

二层平面布置图

① 客厅　② 厨房　③ 餐厅　④ 客卫　⑤ 卧室　⑥ 主卫＋衣帽间

楼梯踏板延伸做成餐桌

为了保证客厅的完整性，设计师经过计算将楼梯和餐桌结合，利用相对应的楼梯踏板高度延伸做成了餐桌，不仅具有分隔功能区的作用，同时还兼具吧台的功能。

利用死角设计储藏空间

将餐桌与楼梯转角踏板下方死角设计成客厅沙发边的角柜与储藏空间，充分利用和发挥小户型的每一处空间，同时又很明确地区分了客厅和餐厅各个功能区域。

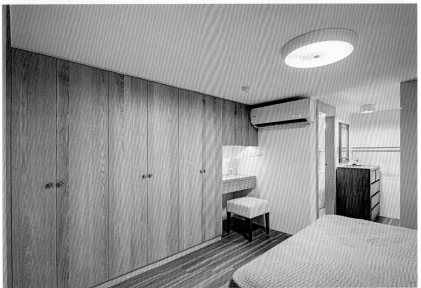

主卧室设置了三扇大推拉门，当客人过夜时，可以打地铺，同时保持主人隐私。由于移门都是木质的，而且每扇的尺寸比较大，所以重量不轻。而且本案为了让地面没有轨道，采用吊轨承受了整个移门的分量，所以施工时，注意吊轨一定要选用厚的型材，避免日后掉落。

$\langle$

设计师将厨房上方的楼板设计成钢化玻璃地面，这样可以减少楼板的结构厚度，也增加了日光照射范围和时间，而且让垂直空间产生连接。在实际施工时，要注意钢化玻璃地面的面积不宜过大，否则会影响正常的生活隐私。

综合点评 本案例原始户型有诸多不合理的地方，设计师以小见大，在小空间中做出大格局，创造出一个实用而舒适的居住环境。

工作室的家

设 计 师 袁筱媛

建筑面积　50平方米
装修主材　文化石、黑板漆、锈蚀黑铁板、超白钢化烤漆玻璃
设计公司　隐巷设计

特色指数：★★★★☆
经济指数：★★★★☆
实用指数：★★★★★
大众指数：★★★★☆

　　业主夫妇为平面创意工作者。这个小家的空间高度为小挑高3.6米，南向面窗，因业主的工作业态，设计师提出了"工作＋家"的概念。在不大的居住空间中，需保留住家的基本功能，如厨房、起居、卧室等。设计师作了如下的空间设计：浴室采取半开放式设计，包含洗衣功能；开放式厨房与玄关结合，保留内部使用面积；餐厅区域与工作区结合；二楼，生活起居室与卧房结合，玻璃楼板区域是朋友到家里拜访过夜休息的地方。卧室的推拉门起到保护隐私的作用，推拉门上使用黑板漆，让业主能随心所欲地涂鸦创作。

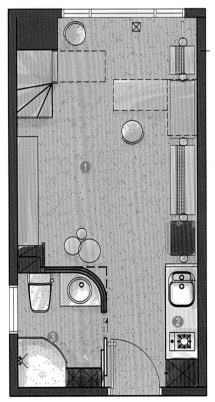

一层平面布置图

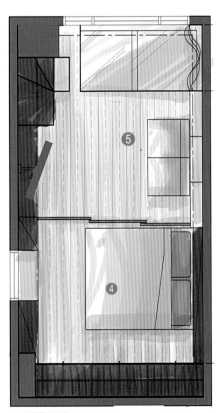

二层平面布置图

① 工作区　② 厨房　③ 卫生间　④ 卧室　⑤ 起居室

透明钢化玻璃楼板延伸纵向空间

很多挑空户型的装修设计中更多地考虑横向空间的处理，很少考虑纵向空间的突破。设计师在这个小家中将纵向空间做了很好的延伸，采用透明钢化玻璃楼板，使得空间穿透性能直达挑空的天花。

楼梯做成收纳柜堆积的形式

在通往二楼的楼梯设计上花足了心思，摒弃传统的踏步，以半开放柜的方式堆积形成，并采用钢绳解决楼板吊重问题，同时也是楼梯扶手。目的是淡化楼梯的形式，强化空间的结构感和设计美感。

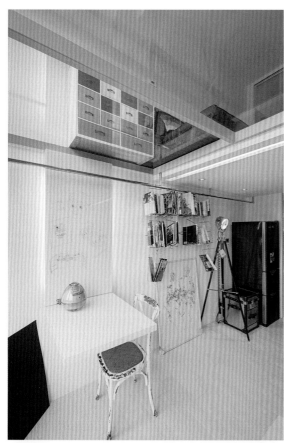

工作区的桌椅皆为活动组合，可依据需求重新摆设，弹性使用。墙面使用了锈蚀黑铁板材料，不仅可以配上磁铁作为展示所；与生活空间形成对比，平衡生活的味道，把小家打造成一个工作+生活的创意基地。

主卧室设置了四扇可折叠到一侧的半透明折叠门，平时打开时，整个二楼是一间大卧室，如果关上折叠门，外面的空间可作为客房，一房两用。折叠门比较大，设计师采用上下双轨道进行固定，加强稳定性。

 有些人追求每天回到家即卸去工作，投入生活；有些人的工作和生活是密不可分的。在这个不大的空间里，设计师提出工作环境和家合二为一的概念。既保留了住居的基本功能，又融入工作区，满足从事平面创意工作的业主夫妻的需求。

设 计 师 CICI

北欧 Loft 印象

建筑面积 50 平方米
装修主材 灰色地板、黑方钢、墙纸、水泥墙、炭化木饰面、木纹砖
设计公司 K-ONE 设计

特色指数：★★★★☆
经济指数：★★★★☆
实用指数：★★★★★
大众指数：★★★☆☆

　　本案例是位于上海近郊的地铁综合体小区，建筑面积 49 平方米的双层空间。因为是设计师自己的家，使得设计的空间和分格把控更加自由。格局上被划分成一楼作为起居空间，二楼作为休息空间，中间餐厅处为挑空空间，保留 4.3 米的原始层高，扩大空间的层次感。运用现代简约风格，加上自然原木材质的生态感，再辅以黑方钢和水泥质感的墙面，突出小而张扬的个性空间。此外，设计上巧妙隐藏储物空间，满足现代生活的多样化要求。

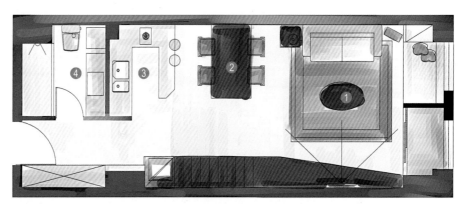

一层平面布置图

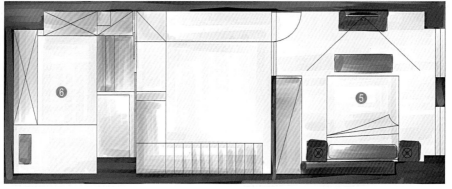

二层平面布置图

① 客厅　② 餐厅　③ 厨房　④ 卫生间　⑤ 卧室　⑥ 次卧

挑高客厅增加空间的对比和层次

保留空间原有的挑高餐厅，是增加 Loft 户型高大上气质的重要手法，让空间具有明显的对比和层次。具有强烈工业气息的黑方钢楼梯栏杆提升空间的气质，曲线的黑色铁艺灯饰降低了空间高度，同时点缀了原本空旷的隔层区域。

书架和装饰格子充分利用楼梯下空间

楼梯下面增设了书架和装饰格子，将空间充分利用起来且增加了美观性。楼梯扶手采用具有工业质感的黑方钢材质，加上碳化木的楼梯踏步，使得材质的运用刚柔结合，打造温馨时尚的格调。

白色简洁的整体厨房干净素雅，原木色的吧台既简洁又实用，并且将空间做了区分，隔而不断。在暖色的灯光照射下，仿古砖地面和水泥墙面变得没有那么生硬，反而充满家的暖意。

◁

在餐桌的墙面上悬挂一副装饰画，达到增加就餐情调的效果。而餐桌上的绿色植物，则起到了画龙点睛的作用，使环境充满生机与活力。

◁

 这个 Loft 小家有着独具个性的表达方式：灰色的水泥墙面、铁艺的扶手、复古的灯饰，将硬冷的工业风和原木质感的北欧风情有机结合，柔化空间，是对自由生活的无限向往与追求。

城市树屋

建筑面积　49.5平方米
装修主材　橡木钢刷实木皮、柚木钢刷实木皮、仿清水模纹白色瓷砖、铁件
设计公司　馥阁设计

特色指数：★★★★★
经济指数：★★★☆☆
实用指数：★★★★☆
大众指数：★★★☆☆

　　这间位于台北市中心的小屋，在一开始讨论室内设计方向时，业主便提出希望能营造出一个让人放松的自然风格空间，于是设计师以森林及自然为创意点，加上与业主的沟通，激发创意，发展出"城市树屋"的概念作为整个小家的设计主线。大多数的人，都具有亲近自然的天性，在这个满足业主需求的设计作品中，设计师说："我们不能搬进森林里，那就把森林搬进家里吧！"

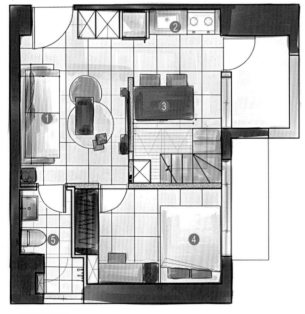

一层平面布置图

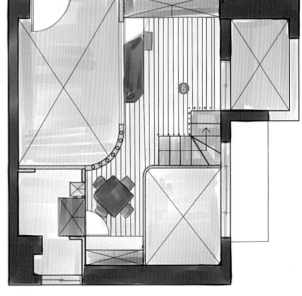

二层平面布置图

① 客厅　② 厨房　③ 餐厅　④ 卧室　⑤ 卫生间　⑥ 工作区

大面茶镜扩大餐厅空间感

利用大面茶镜装饰作为餐厅的背景，扩大空间的视觉效果，同时也可以增加食欲。整体的木地板饰面与吊顶具有木色的自然属性。半透的客厅隔断给空间增加了采光的同时还具有装饰和置物功能。

地台兼具储物与坐椅的功能

充分运用每一处面积，在餐厅区设置了架高的休憩地台，除了规划为收纳空间外，同时可以作为餐厅区的坐椅使用，让小朋友或屋主想在这里小憩时，有足够的空间可以躺卧。

沙发墙上做出具有层次的树林造型，并且用趣味鸟屋造型巧妙遮盖电源总开关，令人赞叹设计师的精巧构思。

客厅区域保留了原有的层高优势，二层的树枝隔断和一层自然连通，仿佛上面就是童话森林里的树屋。整个屋子中，各种树枝造型遥相呼应，如同置身于可以深呼吸的森林。

设计师将白杨木树干交错运用，形成二层的部分墙体，并在其他墙面选择铺贴绿叶图案的壁纸，不仅强化了树屋的概念，而且透过白杨木见到后方的绿叶树丛，在视觉上有穿越树林的穿透感。

综合点评 一套具有自然属性的仿生设计空间，身处快节奏的城市生活中，面对忙乱的工作、生活，偶尔按下暂停键，回到自己的私密空间，享受一下自然的清新，在森林中大口深呼吸吧！

轻美式雅居

建筑面积	80 平方米
装修主材	木地板、墙纸、墙漆
设计公司	洛图空间设计

特色指数：★★★★☆
经济指数：★★★★★
实用指数：★★★★☆
大众指数：★★★☆☆

　　这是一套位于上海普陀区的二手房，作为婚房使用，业主对设计有很高的要求，既要实用，又要美观。原先的室内采光较差，改善采光条件是业主最关注的问题；风格方面，业主偏好美式，但又不想有太多复杂的硬装，希望把重点投入到软装上，因此，除了必要的装饰外，几乎没有多余造作的背景墙设计。虽然是复式房，但面积不大，最后经过设计师的反复推敲，做出了客厅/影音室、餐厅、主卧、次卧、主卫、次卫、厨房、书房/（未来兼画室）、画室/（未来儿童房）、储藏室、衣帽间、露台等功能空间。最终软装加硬装的总造价是 26 万元，并且采光问题也得到了圆满的解决。

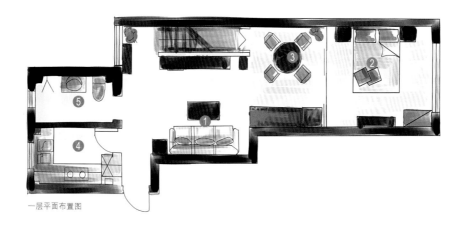

一层平面布置图

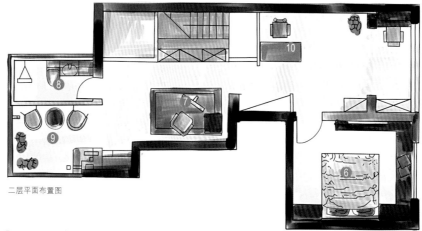

二层平面布置图

① 客厅　② 卧室　③ 餐厅　④ 厨房
⑤ 客卫　⑥ 主卧　⑦ 画室　⑧ 主卫　⑨ 露台　⑩ 书房 + 阳台

充分利用走廊空间

利用走廊空间做了一整面墙的衣柜，增加实用性能的同时不影响其他空间的使用。角落上安置了一个电脑桌，让原本闲置的空间得到了充分的利用。

用简易地垫完成沙发的功能

这个 Loft 住宅最大的特点是用空装饰品来打造空间，二层的画室休闲区用几个简易地垫来完成沙发的功能，更好地拉伸了房间的高度感，使这个二层空间变得一点也不压抑。

顶面只用一圈石膏素线收边，用简约的方式来凸显层高带来的舒适性。客厅舍弃了传统的电视娱乐方式，而是用投影来代替，搭配 5.1 声道的音响，构筑了一个高配的家庭影院。

卧室除了大花壁纸和床品的搭配，床头背景采用了大面软包的设计，同时充当床头靠背的功能，给人温馨舒适的感觉。

这个角落表现出十足的艺术范，花色纱帘与壁纸的搭配显得别致清新，再加上小提琴的装饰，使窗帘仿佛在音乐中飘扬。

综合点评 这是一套简美风格的素装作品，复古做旧的实木家具、淡雅的布艺沙发搭配充满艺术气质的软装饰品，处处流露出恬静、温馨、自然的气息。

乡村之花香

建筑面积 68 平方米

装修主材 木地板、墙纸、做旧银镜、开放漆

设计公司 重庆品辰设计

特色指数：★★★★★
经济指数：★★★★☆
实用指数：★★★★☆
大众指数：★★★☆☆

喜欢在周末的时候，与三五好友自驾去往田边采摘酸甜可口的草莓；喜欢在节假日的时候背上行囊远离喧嚣的都市寻找来自原野的气息，喜欢得闲漫步周边的花市，一花一草用心感受红花绿叶的自然纯粹。这是现代都市人所向往的生活，这同样也是设计师想呈现出来的新美式乡村生活。

以红与绿的色调作为设计的主旋律，整个空间把大自然的元素置放得随性自由。木质的楼梯、清新的窗帘以及碎花的墙纸将只有60多平方米的小户型变得清新舒适。在儿童房的设计中，又将温馨、童趣的氛围点缀得恰到好处而不显突兀。本案设计最适合厌倦了都市快节奏的年轻人，是身心彻底放松的最佳休憩地。悠闲舒畅的生活环境，摒弃了繁琐与奢侈，让大自然的气息无所不在。在夜深人静的时候，置身在这样的空间中，仿若有一种"人闲桂花落，夜静春山空"的纯净与美好。

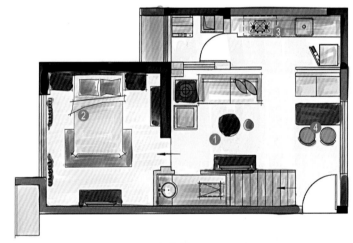

一层平面布置图

① 客厅
② 次卧
③ 厨房
④ 餐厅
⑤ 主卧
⑥ 次卧
⑦ 主卫

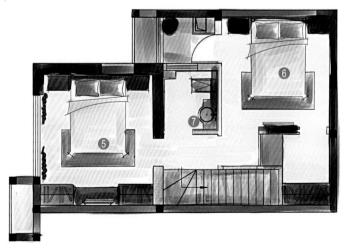

二层平面布置图

仿古镜面延伸空间感

客厅顶面仿古镜面的应用，在延伸了空间感的同时，创造一丝复古的气息。楼梯下的空间被独立开辟成立一个强大的储物空间，外立面同样采用了仿古镜面作为装饰，有效地放大了客厅的视觉空间。

利用床对面的墙面设计衣柜

主卧室采用了二级吊顶的方式拉伸了层高视觉。同时利用床对面的墙面巧妙设计了衣柜和放置电视的位置，并且集成进梳妆台的功能，真正做到了一个空间的重复利用。

⊗ 优美的餐桌曲线，装饰柜以及坐椅的线条都体现了细节雕琢上的匠心独具。温馨浪漫的粉红色布艺沙发
与蓝绿色的窗帘搭配呼应，营造出田园的舒适浪漫。

以红与绿的色调作为设计的主旋律，整个空间把大自然的元素置放得随性自由，例如绿色窗帘的运用使碎花壁纸的墙面有了生机感。

〈

 综合点评 这是一套集合了复古和浪漫田园风格的混搭作品。每一件软装饰品都透着阳光、青草、露珠的自然味道，仿佛随手拈来毫不矫情，让人感受到自然的呼吸。

灿烂阳光点亮小家

建筑面积　90平方米
装修主材　墙纸、烤漆面板、水曲柳饰面板套色、木地板
设计公司　牧笛设计

　　这是一套现代简约风格的小户型，用色考究稳重，设计上强调功能的多重性，每个区域的功能几乎都被多元化，非常注重人性化设计。客厅中一面墙的书柜，将书房的功能带入其中，不仅丝毫没有影响客厅的完整性，而且款式新颖的书柜给空间增色不少，加上颜色跳跃的中黄色门板，给整个会客区赋予了蓬勃的活力。

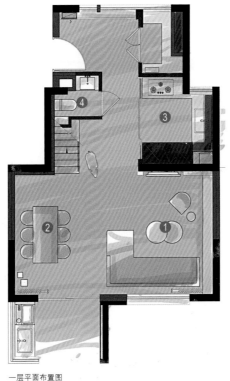

一层平面布置图

二层平面布置图

① 客厅　② 餐厅　③ 厨房　④ 客卫　⑤ 主卧　⑥ 儿童房　⑦ 主卫　⑧ 书房

利用客厅墙面增加储物装饰柜

利用客厅的一面墙做成储物装饰柜，巧妙地把装饰置物的功能融入客厅，黄色的烤漆柜门点亮了整个空间，在达到实用功能的同时也取得了不错的装饰效果。

落地橱柜充分放大厨房的功能

常规的橱柜都是由上柜和下柜组成的，对于现在国内的厨房来说，去掉油烟机的和窗户的位置，吊柜几乎没有地方可做。设计师利用厨房的一面墙做成了整体落地橱柜，而且很好地将烤箱和消毒柜设计在其中，功能十分强大。

卧室的整面墙做成简约实用的书架，在满足书房需求的同时增加了装饰功能。蓝色烤漆的双人位工作台设计更是打破了常规，划分了工作绘图区域和电脑操作区域。整个设计让小空间的这一面墙充分得到利用。

楼梯设计清爽通透，而且感觉很精致。但因为是把钢化玻璃直接固定在楼梯下口，没有支架支撑，在施工时一定要在楼梯踏步上切割出凹槽，将钢化玻璃嵌在楼梯上，才能保证护栏不会晃动。

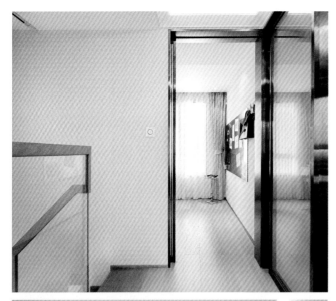

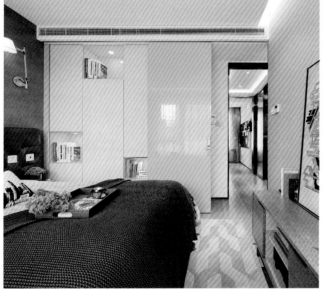

综合点评

本案例是一套使用原木作为主材的现代简约风格家居。大量的
木饰墙面和地板让整个空间静谧而自然，通过简约时尚的设计
手法，利用具高光质感的镜面和玻璃材质增加空间的现代气质，
穿插的明黄色则让空间多了一丝青春活力。

27 平方米 Loft 的神奇借光法

设 计 师　何永明

建筑面积　27 平方米
装修主材　灰色仿古砖、水曲柳饰面、白色乳胶漆、复合地板、中式挂画
设计公司　广州道胜设计

特色指数：★★★★☆
经济指数：★★★★☆
实用指数：★★★★★
大众指数：★★★★☆

　　这个小家的门和窗都面向走廊，而另一面墙上的窗则朝向仅隔着 70 厘米的另一栋楼，但是这唯一可能有光通过的 70 厘米空隙却被雨棚遮盖，导致阳光根本无法照进屋子里，即使在白天也必须靠点灯照明。再阳光灿烂的日子，屋内依旧伸手不见五指。

　　设计师首先拆除隔墙与阁楼，整个空间被完全打开后，利用钢结构重新搭建了二楼，在扩大面积的同时，有效地增加使用空间；同时改变楼梯走向，使家人在上到二楼时避免了磕碰以及弯腰的不便。经过空间的重新规划，老人的房间和女儿的房间都安排在了比较通风的位置，整座房子变成三室两厅两卫，极大地增加了实用空间。

　　为了解决零采光的问题，设计师首先把巷道刷成白色，接着避开邻居的窗户贴上大面积的镜子，然后在巷子对面的高楼上寻找到了一个合适的角度，通过镜子的反射原理，将光线引入到巷道里；同时将走廊的墙也刷成白色，利用光线的漫反射，增强屋内的采光。此外，室内地面做了防水层及防水地砖，并在不同位置加装了排风扇，增加空气流通。

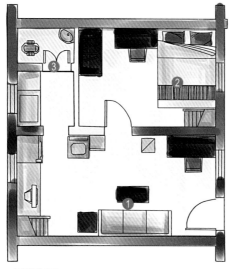

一层平面布置图

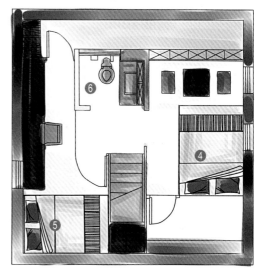

二层平面布置图

① 客厅　② 次卧　③ 客卫 + 厨房　④ 主卧　⑤ 次卧　⑥ 主卫

采用柜体制作楼梯台阶

用柜体做的楼梯台阶既实用又美观，黑色的扶手透露出简约的复古气息，装饰树枝仿佛在讲述着一个禅意的故事。

全白的墙面弥补光线不足的缺陷

全白的墙面外加全白的灯光的确可以弥补光线不足的缺陷，床尾设计成休闲茶区的布局，在节省空间的同时也是一道景观：禅茶一味、室雅人和。

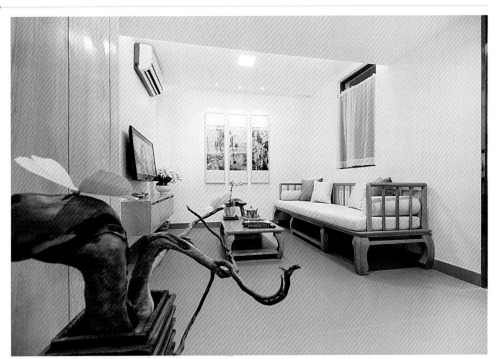

在改造的过程中，为了解决潮湿这一难题，设计师用外墙漆代替内墙漆，因为相比于内墙漆，外墙漆防潮、防水的性能更强，但是外墙漆的环保性能不如内墙漆，因此需要更久的干燥时间。

全白的空间，灰色的地砖和踢脚线极其简约，缓解了采光不足带来的压抑感。黄色的新中式实木家具应用以及中国山水画的装饰，让空间多了几分禅意和古韵。

床头装饰暗格内的灯光可以作为小夜灯来使用，实木的格子推拉门既有禅风又节省空间。

 改造后的房间明亮开阔，女儿有了专属的私人空间，上下楼梯也十分方便。不浪费任何一点空间，在许多意想不到的地方都有储物空间。设计师不仅让房间亮了起来，更是将光照射进一家人的心中。

设 计 师 李绍瑄

我的生活舞台

建筑面积 52.8 平方米
装修主材 玻璃、木纹地砖、清水砖、超耐磨木地板、美耐板、铁钩材
设计公司 文仪室内装修设计

特色指数：★★★☆☆
经济指数：★★★★☆
实用指数：★★★★★
大众指数：★★★★☆

　　这是一个不足 50 平方米的 Loft 小空间，业主是单身的两姐妹。设计师用最简约的手法来诠释整个空间，为了增加实用性能，采用钢结构做出二层空间。一层的卫生间功能被拆解开来，放大了空间感受并保证了功能独立互不干扰。然后用玻璃作为透光隔断，让整个空间最大程度得到自然采光。配色方面则用相对保守的黑白灰配以木色的手法，保证空间的爽朗开阔，为业主创造一个简约时尚的质感住宅。

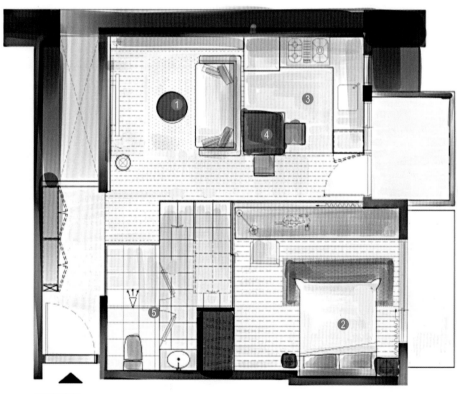

一层平面布置图

① 客厅　② 卧室　③ 厨房　④ 餐厅　⑤ 卫生间

小空间大创意

利用透明玻璃隔断划分空间

利用钢化玻璃将各自的私密空间进行区分，最大限度地保留了宽敞明亮的公共区域采光，加大视觉空间感受。

利用镜面柜收纳洗浴用品

卫生间采用干湿分离的设计，使得空间舒适整洁，让主人能更加惬意地享受洗浴时光，又不影响其他空间的功能和使用。洗手台的镜子同样也是可以收纳洗漱用品的隐形柜子，实用且美观。

红色的布艺沙发分隔了客厅与餐厅，并且保证了空间的通透明亮。红色的吊灯、布艺沙发以及玫瑰花互相呼应，形成了构图的美感，给白色的空间增加了一抹灵动的色彩。

客厅收纳柜与电视柜相连，搭配上黑白的赫本装饰画和鲜艳的花束，营造出一个活泼而又优雅的空间。

白色的橱柜和冰箱，统一色彩的同时充分利用空间。主人在忙碌一天后回到家里，可以用干净整洁的厨房做出来美味，是一种非常棒的感觉。

 本案例创造一个舞台般的场景空间。业主两姐妹在拥有自己独立空间的同时，又能共住分享。空间大量运用简约明快的材质，搭配温馨的灯光以及优雅的白色，体现出业主爽朗不失女性柔美的性格。

春日圆舞曲

建筑面积　60 平方米
装修主材　原木色家具、实木楼梯及扶手、北欧风格桌椅、玻化砖、白墙
设计公司　五明原创设计

特色指数：★★☆☆☆
经济指数：★★★★☆
实用指数：★★★★★
大众指数：★★★★☆

　　这一个不规则的小型 Loft 公寓，挑高的客厅让小空间最大程度得敞亮。设计师用最简洁的装饰手法，将北欧的清新自然与阳光引入室内，白色的墙面简洁而不局促。木色的家具和门窗穿插其中，詹姆斯坐椅和北欧风格的家具饰品处处透露出那份来自大自然的眷顾。

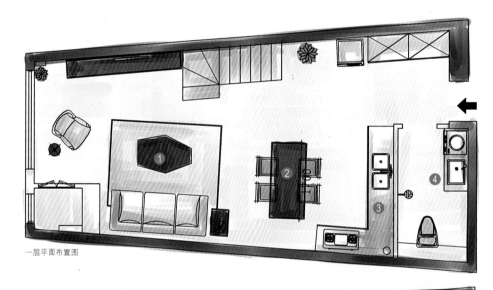

一层平面布置图

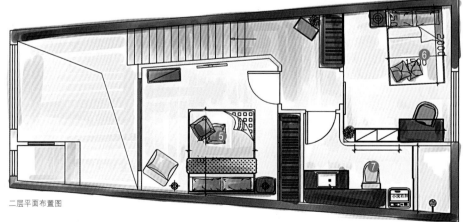

二层平面布置图

① 客厅　② 餐厅　③ 厨房　④ 客卫　⑤ 主卧
⑥ 次卧　⑦ 主卫

楼梯底下兼具书柜和储物功能

原木色的楼梯踏步和扶手缓缓而升，楼梯下面兼备了书柜和储物功能。电视墙区域增加了壁挂装饰柜，实用的同时拉开了空间高度，避免出现衔接断层。

餐厅的低矮与客厅的挑高形成对比反差

客厅区域挑高，和餐厅的低矮空间形成对比反差，给人一种豪华大宅的错觉。简约的餐厅吊顶全部采用平面，而餐厅部分也只是增加了两根照明的灯管，真正做到了极致的简约。

穿插在客厅中的简约木色家具、白色的墙面、具有工业感的灯具、素雅的沙发，以及绿色的饰品等都是北欧风格的元素，将那份淳朴自然的感受表达得淋漓尽致。
⊘

简洁的墙面上，那个壁挂暖气都能透露出些许的工业气息，素色的沙发配合木色的几柜显得舒适而清新。
⊘

综合点评 简约的设计不需要过多的语言形容，它的美是与生俱来的，每一块木作，每一株绿植都是那样清新雅致。

Loft 混搭表情

建筑面积 92平方米
装修主材 文化砖、钢结构楼板、强化木地板、复古家具饰品、中式木格
设计公司 熹维室内设计

特色指数：★★★★☆
经济指数：★★★☆☆
实用指数：★★★★☆
大众指数：★★☆☆☆

　　这是一间原建筑面积50多平方米的挑高房屋，业主是一位时尚个性的年轻人，虽然隔层以后分为上下两层空间，但是每个功能区的空间关系和使用面积比较难处理。设计时从动静分开原则区分了一层和二层的功能，一层为客厅、餐厅活动区域；二层为2个卧室房和卫生间。一楼通往二楼的楼梯的位置改在了入户门的对面，铁艺的旋转艺术楼梯既是通往二层的过道，又起到玄关作用，更具有视觉观赏性。厨房虽小，但是通过墙面窗户的设计，和过道贯通，小而通透。餐厅打破了惯用的餐桌摆放形式，简洁流畅的桌子台板和餐边柜是整体定制的，连成一个整体，时尚又实用。

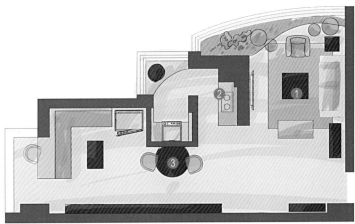

一层平面布置图

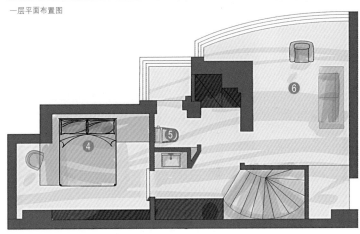

二层平面布置图

① 客厅　② 厨房　③ 餐厅　④ 卧室　⑤ 卫生间　⑥ 书房

黑色铁艺旋转楼梯形成无限延伸感

黑色的铁艺旋转楼梯曼妙婉转，钢结构楼板直接裸露后作喷黑漆处理，具有强烈的工业化质感，在白色墙面的映衬下，不仅没有显得空间压抑，反而增加了夜的深邃感觉，让人产生空间无限延伸的错觉。

鲜艳色彩化解黑色空间的压抑感

以黑色为空间主色调的 Loft 工业气息非常浓重，用鲜艳的色彩点缀其中可以起到画龙点睛的作用，如彩色的车牌装饰和抱枕，米字旗的复古柜子充当茶几，蓝色的大色块墙面等均是化解空间压抑感的手法。

在暖气上方的墙面增设了许多用来置物的隔板架子，让原本无用的墙面具有了丰富的展示及储物功能，可以作为花架、书架、酒柜与饰品柜等使用，一举多得。

白色的劈开砖、彩色的复古砖混搭中式的木格和老旧的折叠椅子，在黑色的钢结构房顶和地板间显得格外的怀旧，瞬间可以勾起人们心底的回忆。

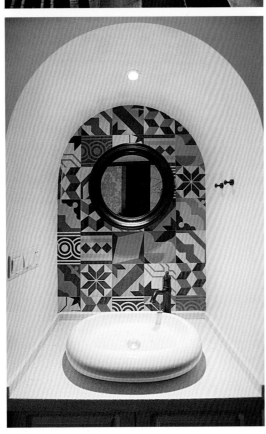

顺着旋转楼梯拾阶而上，黑色的铁艺楼梯、复古的中式房梁和花格混搭出另类的工业怀旧质感，简约的现代吊灯仿佛是它们之间的调和剂，使得一切过渡都不显突兀。

综合点评 设计手法多元，灵活多变，利用多种不同的材质组合空间，光亮的、暗淡的、古朴的、平滑的、粗糙的相互穿插对比，形成有力量但不生硬，有活力但不稚嫩的特色表达。

白色盛装

李文彬

建筑面积 92 平方米
装修主材 仿古砖、实木地板、乳胶漆墙面
设计公司 桃弥设计工作室

特色指数：★★★★☆
经济指数：★★★★★
实用指数：★★★★★
大众指数：★★★☆☆

　　本案定义为现代北欧风格，格局上打通了厨房、客厅、阳台三个空间的隔墙，用吧台取代了餐桌，沙发也是围合的布局，增进家人朋友间的交流与互动。沙发背后原来是一个小阳台，现在改造成了一个晾晒区，顶上定制的黑色铁管既是装饰又可以当晾衣竿用。设计上摒弃了很多不必要的造型，把硬装做得简洁干净，整体以白色为主调，纯净清新，让人惊艳。特别是水泥自流平的地面，自然斑驳的纹路带一点复古感，具有瓷砖或者地板完全不可替代的效果。

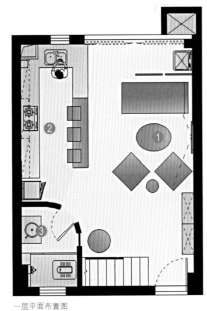

一层平面布置图

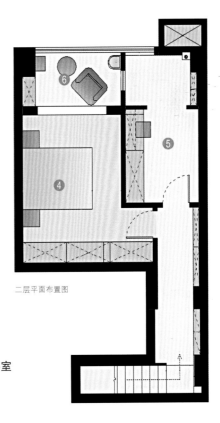

二层平面布置图

① 客厅　② 厨房 + 吧台　③ 卫生间　④ 卧室
⑤ 儿童房　⑥ 休闲区

呈圆弧形处理的卫生间墙面

卫生间墙面的圆弧处理，在不影响自身内部功能的同时避免了在客厅出现生硬的直角，同时放大了客厅空间面积，拓宽了去往厨房的走廊，亦给卫生间带来自然采光。在造型设计上柔和了视觉感受。

利用吧台划分空间

橱柜吧台的设计既具有餐桌的功能也作为一个半隔断，把厨房和客厅进行合理的划分，使整个空间分割明确，而且并没有影响视觉上的通透感受，反而同时拥有了一个大厨房和大客厅。

木纹墙纸竖向铺贴具有拉高空间视觉效果

经典的床头木纹墙纸竖向铺贴，在原本低矮的房间中起到了拉高空间视觉效果的作用。原建筑的梁体下返较多，为了弱化单独横梁的压抑感，增设了若干小梁，既可以凸显层高，又达到了弱化主梁的目的。

整面电视墙铺贴白色小砖，与整体风格融为一体，并且墙面的粗糙感与细腻的水泥自流平地面形成鲜明的对比，同时颜色上也形成反差，反而让整个空间显得和谐而平和。

楼梯处采用艺术砖拼接，用英文字母来延续楼梯的高度别有创意，黑白分明，视觉感鲜明，让人很明确楼梯的走势。

 小家用黑白灰的基调搭配些许暖色，打造一个纯洁的田园童话世界，犹如在梦境和现实间穿梭。曲线的造型丰富了视觉效果的同时也扩大了空间感。

文艺青年的小家

设 计 师 王景文

建筑面积 58 平方米
装修主材 钢材、玻璃、进口墙纸、黑白地砖
设计公司 成都槿纹装饰

特色指数：★★★★☆
经济指数：★★★★☆
实用指数：★★☆☆☆
大众指数：★☆☆☆☆

　　这个小家从空间上一直强调的是 Loft 空间的灵活运用，一层是开放的厨房客厅与餐厅。楼梯成为空间中最重要的装饰构成和储藏空间，卫生间为了规避没有窗户的硬伤，使用了玻璃砖作为墙面。二层空间设置的隐蔽的储物间，和整个墙面融为一体，使用镜面作为柜门，既满足了功能，又拓展了视觉空间。材料的选择上，地面运用了黑白格对比的石材，时尚而且经典。墙面采用大面积的乳胶漆，并没有做过多的硬装上的造型，避免给小空间造成压抑的感受，更多地运用软装饰来体现空间的艺术性和品质感。

　　设计主题定义为"文艺青年"，用强烈的黄黑对比以及斑马、素描、流行 POP 元素来装饰空间。并在壁画部分尝试打破二维与三维的界限，追求更强烈的艺术感和视觉体会。色彩上大胆地采用了黄黑对比，整个空间运用单纯的黄黑白来呈现。并运用丰富的黄黑白的装饰元素来诠释空间。在客厅墙面，设计师创作了艺术墙画，成为整个空间的点睛之笔，使平面的墙画中与空间中的花艺呼应起来，形成三维与二维的交流。

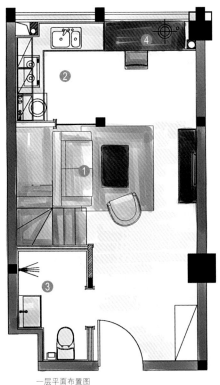

一层平面布置图

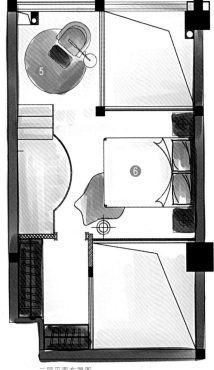

二层平面布置图

① 客厅　② 厨房　③ 卫生间　④ 餐厅　⑤ 卧室　⑥ 休闲区

玻璃隔断增加通透性

楼梯和二层卧室挑高处都采用玻璃隔断增加空间的通透性，使整个小空间变得不那么狭小，拉伸了整个楼层的高度，避免压抑感。

踏步和踢脚线装饰黑色开放漆

楼梯打破了传统模式，采用比较时尚的黑色开放漆做为踏步和踢脚线，而且楼梯底下做了储藏空间，合理地节约了空间，还让沙发有了可容身之地。此外，设计师在不影响安全通行的基础下，取消了常规的楼梯扶手，使空间显得更加宽敞。

所有墙面都采用纯度比较高的黄色，这个色彩让人第一感觉很耀眼，很跳跃，在跳跃之中，设计师加上饰品的点缀，例如有层次地悬挂个性挂盘，使这面黄色墙不显沉闷。

小家的灯光也很有特点，多处都采用了局部照明，在床头、电视背景墙，及其楼梯过道处，采用射灯加以补光，烘托了整个房间的温暖氛围。

◁

地板砖的黑白色彩搭配使这个空间韵律感十足，厨房的墙砖也进行了呼应，在黑白砖的衬托下，黄色墙面更能彰显时尚魅力。

综合点评

一个时尚耀眼的黑白个性小家，耀眼的金色阳光充满着整个空间。摩登时尚而又不乏舒适感。

蓝色爱琴海

建筑面积 70 平方米
装修主材 杉木板、仿古砖、蓝色混油木门、艺术涂料
设计公司 三顾室内设计师事务所

设 计 师　钟墨

特色指数：★★★★☆
经济指数：★★☆☆☆
实用指数：★★★★☆
大众指数：★★★☆☆

　　一个建筑面积 70 平方米的地中海风格小家，设计上采用大面积的黄色艺术涂料，局部点缀纯粹的蓝色，地面采用咖啡色仿古地砖、搭配上休闲布艺沙发，打造出一种舒适安逸的生活状态。设计师将卫生间的墙面设计成动感的曲线，赋予空间生命力。楼梯的踏步是纯蓝色的，立面采用蓝白相间的马赛克进行修饰，护栏则是造型朴实自然的阶梯造型矮墙，自然古朴的原生态楼梯造型是空间中的一大亮点。

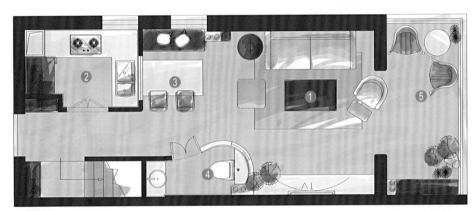

一层平面布置图

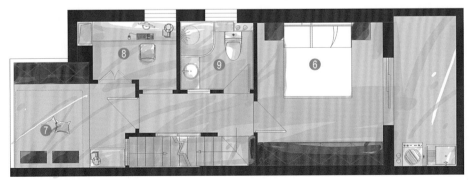

二层平面布置图

① 客厅　② 厨房　③ 餐厅　④ 客卫　⑤ 阳台
⑥ 主卧　⑦ 次卧　⑧ 书房　⑨ 主卫

开放式厨房给楼梯间带来光线

是否拥有一个宽敞明亮的厨房，是衡量一套房子舒适性的重要依据，这个家中的厨房仅仅拥有一个自然采光的小窗户，设计师为了增加空间感，把厨房设计成开放式，且把垭口做成具有地中海特色的造型，给原本黑暗的楼梯间借来了光线。

造型窗户让餐厅和厨房互相借景借光

餐厅和厨房之间人工做了一个造型窗户，巧妙地把两个空间联系在一起，构成了互相借景借光的格局，同时拥有了明亮的餐厅和厨房。

借用卧室门后空间做大面柜子

借用卧室门后的空间，做了一整面的墙中柜，同时也把电视安置在其中，把众多的实用功能集中在一面看似简单的墙上。超大的衣柜和顶箱的储物空间可以放置换季的衣物和被子，中间的电视则满足了基本的卧室娱乐功能，还有富有情趣的装饰小品点缀其中。

电视背景与电视柜结合成一体，使装饰空间与储藏空间巧妙联系在一起。鲜艳的蓝色与淡淡的黄色巧妙结合，湖蓝色的运用并不孤立，使人感觉在凉意下还带着暖暖的感觉。

◁

蓝色的楼梯踏步拾阶而上，仿佛山间流淌的河水一样清澈，且富有延神感，让空间充满了趣味。拥有这样的一款楼梯可以让整个小家的颜值跟着高大上起来。

卫生间无论是砖的色彩搭配还是装饰的摆件都是清新感十足，镜前灯的选购，窗户的造型等，都将地中海的情怀展现得淋漓尽致。

综合点评 地中海风格是独具特色的度假风格，蓝白相间中有着金色的沙滩、阳光和白色的海浪天空，充满休闲气息的环境令人神往。

大开间 小户型

时下房价居高不下，面积较小的大开间成为不少年轻人的买房首选。大开间有的有独立厨卫，有的甚至没有厨房。装修时要确定在这里生活的业主的主要诉求，提出重点，对其他部分进行适当弱化。

•隔断

大开间一般室内就一扇大落地窗，如果做隔断，要考虑采光问题，可以采用一些功能性的隔断，将卧室和其它功能区稍微分隔一下，在感觉上可以形成两块区域，还有一定的储物功能。

•储物

小空间储物一直是大难题。其实只要开动脑筋，可以用的地方很多。比如衣柜的内部设置上尽量做到多功能，使鞋子等其它物品可以收纳进去。吊柜、地台以及上下床的下部，都可以充分利用。

•材料

大开间装修一定要强调质感。烤漆、金属等材质都可以大胆使用，这样会使整个居室呈现一种虽小却有气质的感觉。

•家具

在大开间的家具选择上，最好以浅色为主，多功能家具为首选，如折叠床等。建议小户型业主使用板式家具，因为它组合起来更灵活，而且可以量身定做，也比较经济。

•色彩

在配色上可考虑选择浅色，也可用反差大的颜色增加空间亮度。不过小空间内不建议使用过多的颜色，这样视觉上会显得比较混乱。如果觉得色彩单调，可在布艺和装饰品上进行局部点亮。

粉色小家的浪漫

设 计 师　许宏彰

建筑面积　42平方米
装修主材　明镜、灰镜、烤漆玻璃、铁件、石英砖、木地板、烟熏橡木
设计公司　德力设计

特色指数：★★★★☆
经济指数：★★★☆☆
实用指数：★★★★★
大众指数：★★★☆☆

　　这个小家扣除公摊面积后仅有40平方米，挑高3.4米，必须容纳单身业主的各项生活需求。业主单身，对美学的包容度很高，平日工作忙碌不常开伙，通常回家只想好好休息，假日常在家采取看DVD的舒压模式，因此他希望家可以像酒店一般简单好打理，而且五脏俱全又舒适。根据业主的要求，设计师将卫浴缩至合理范围内，尽量将空间挪用给卧室与起居室。同时，针对不常开伙的业主，尽量多地空间设置成收纳空间。起居间设置悬吊式收纳柜，既可陈列收藏品也可作为书柜使用。此外，设计师运用了大量的灰镜作为空间的折射与缓冲处理，化解非必要的棱棱角角。最后，业主选择了黑色与粉红色作为空间主色系，倍添时尚气氛。

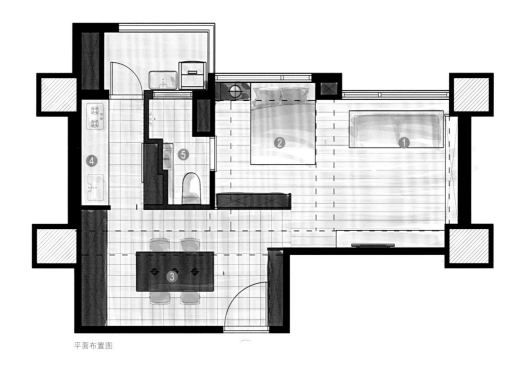

平面布置图

① 客厅　② 卧室　③ 餐厅　④ 厨房　⑤ 卫生间

合理摆放沙发留出置物空间

把沙发置于窗户下面，保留了最佳采光的同时，给其它墙面留出置物的实用空间。小尺寸的沙发和茶几同样可以扩大活动空间的范围。

镜面吊顶延伸餐厅高度

入户右手边为实用的一体式鞋帽柜，左手边为餐厅位置，灰色镜面吊顶双倍延伸餐厅的高度视觉，黑色烤漆玻璃的餐桌面和吊顶上的灰镜遥相呼应，相得益彰。

餐厅尽头同样做了整面墙的储物柜，收纳功能不容小觑。开放式的厨房门高度并没有刻意降低，保留了最大的通光量。

卧室利用一组柜体来巧妙区隔，既有了玄关的遮挡，又满足了卧室的置物需求。正对卧室的卫生间则用了整体协调的隐形门，简洁大气。整体黑白灰的颜色加上紫色的穿插显得高贵神秘。

由于厨房较为狭窄且需要较多储物空间的原因，和卫生间做了空间置换，设计师把坐便器区域缩小，给厨房区域增加了一个墙中柜和冰箱的放置区。

 一套有着男性的阳刚和女性的柔美特质的住宅，简约干练，粗中有细。在拥有了简约风格的特点后穿插了女性的紫色和粉色，让整个空间多了几分妩媚。

设 计 师　牛国华

清音品茗　茶禅一味

建筑面积　45 平方米
装修主材　木塑长城板、强化竹地板、软膜天花、实木榻榻米
设计公司　东合高端室内设计

特色指数：★★★★☆
经济指数：★★☆☆☆
实用指数：★★★★☆
大众指数：★★★★☆

　　家是生活的地方，家的设计是对生活经历的诉说和对生活态度的表达。眼前的这个家素雅又灵动，设计师将佛教与茶道之间内在精神的契合可视化，展现出它固有的美态，同时也彰显出原始素材的本来面目，加以精密打磨，表现出素材的独特肌理——这种过滤的空间效果具有冷静的、光滑的视觉表层性，却牵动人们的情思，使城市中人潜在的怀旧情绪得到补偿。居于此，可以忘却俗世喧嚣烦忧，宠辱不惊，闲看庭前花开花落，一棋一茶一古筝。

　　日式设计风格直接受日本和式建筑的影响，讲究空间的流通与分割，流通则为一室，分割则为几个功能空间。这套房子虽然面积不大，但仍然以细节的设计彰显出日式风格的特点，推拉格栅、传统的日式榻榻米、棋盘等，禅意无穷，又含蓄地表达着家庭生活的温馨气氛。

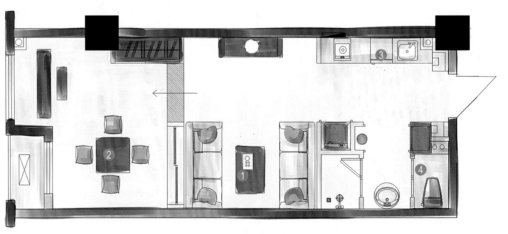

平面布置图

① 会客厅　　② 休闲区　　③ 厨房　　④ 卫生间

沐浴间把洗衣机容纳其中

巧妙的格局成就了独立不受干扰的沐浴间，而自身不仅具备了储物功能，还容纳了洗衣机，而且设计师不忘化解空间乏味，特意安排了绿色植物的景观阁。

巧妙采用空间互借的手法

单独一个走廊是很浪费空间的，当然独立的厨房也不可过于狭窄，设计师巧妙地运用空间互借手法，轻松成就了一个宽敞的厨房和一个明亮的走廊。

卫生间的巧妙布局

本案例最巧妙的是卫生间的布局，把卫浴空间的各个功能独立分割后，利用走廊来拓展公共部分的空间。

原本没有具有自然采光的会客区，设计师凿掉轻体墙，改成了开合自如的透光格子门，私密和采光互不干扰。成就了一个明亮的会客区。

和室风格的榻榻米空间朴素淡雅，闲暇之余品茗抚琴，人生乐事，恰似一幅活泼的禅意画面。

综合点评 禅静、朴素是整个空间给人的感受。虽然是一通到底的过道，但是通过设计师的功能互借、空间错落的手法，让人感觉并非是一个直白无味的空间。

挺身舒展吧！
谁说 3.6 米一定要做夹层

建筑面积　42 平方米
装修主材　玻璃隔断、爵士白石材、板式家具、环氧树脂地面
设计公司　馥阁设计

特色指数：★★★☆☆
经济指数：★★★★☆
实用指数：★★★★☆
大众指数：★★★★★

　　小空间必须比宽敞的空间更强调收纳，如何让收纳于无形应该是更重要的课题，挑高 3.6 米的空间往往实际只有 3.4 米，是否一定要施作夹层，让居住者陷入狭小空间中？设计师认为只要满足了空间格局的需求，也可考虑放弃上层空间，让生活更有余裕。于是将空间格局拆除，利用隔墙作为大面积收纳，在不影响视线穿透感的状况下将满足收纳功能，并透过大面积的玻璃隔间，将户外绿意盎然的景色引入室内空间。

　　设计师将重点放在电视墙部分的设计，悬空的电视墙由卡拉拉白大理石搭配皮革门板、铁件、音响设备柜及隔间的玻璃等组成，只在一个地方加重设计，其他部分满足收纳机能，借此有了视觉焦点，并在简约设计的原则下，增添了些许内敛的华丽气息。搭配工作吧台处三盏垂吊灯具的设计拉高屋高，并同时强调高度优势。

平面布置图

① 客厅　② 卧室　③ 餐厅　④ 厨房　⑤ 卫生间　⑥ 书房

玻璃加纱帘替代隔断

将所有隔断拆除用玻璃加纱帘来替代，最大限度地放大空间感并保留最佳光线。电视背景是整个空间的亮点，用玻璃来做受力支撑，给人一种不可思议的现代质感。

家具隔断分隔书房和卧室

原有书房和卧室之间的隔断拆除后，取而代之的是更具实用性能的家具隔断，而家具隔断在这里用了空间互借手法，在书房的一面还预留了一个墙中书架。

用带有时钟投影的灯光来点缀空间，实用的同时有很好的装饰效果。蓝色的单色墙纸使比较低矮的卧室空间看起来更有高度和活力。

ⓒ

简洁的整体厨房和吊顶线条采用直线不露痕迹地诠释了整个空间，三盏吊灯在就餐区垂落而下，成为整幅画面的焦点，高调展示了不俗的房间高度且避免了空间的乏味。

ⓥ

沙发抱枕上的小动物图案很有生机活力，百叶窗帘盒与整体装修风格匹配融洽，黑色落地灯和茶几给空间制造了很好的体量感，让空间不过于轻浮而显得无主题、无层次。

综合点评 这是一套具有港式简约现代风格特色的小户型，采光较好，而设计师通过把原有墙体拆除换成玻璃后，最大程度地放大了这种优势，让整体空间简约明亮，呈现出原本不具有的效果。

设 计 师 艾荣

悦动我心

建筑面积 52平方米
装修主材 强化地板、瓷砖、乳胶漆、成品家具，软装小品
设计公司 蓝雀设计

特色指数：★★★☆☆
经济指数：★★★★☆
实用指数：★★★☆☆
大众指数：★★★★☆

　　作为单身女贵族，虽然没有家庭生活中的另一半，但应该也有极致的精彩生活！这是一套单朝向的一室一厅住宅，设计之初便做了充分的规划，厨房外阳台作为操作用的晾晒洗衣阳台，而厨房和餐厅间则不装门，让厨房空间延伸出来放大狭小的操作区。餐厅则在橱柜的对面，椅子的活动区可以和厨房有重合利用部分，这样便于扩大空间视觉。卫生间基本满足实用功能，不做过多改动。入户处增加了常用的鞋柜，并设置一面墙的穿衣镜。在空间的划分上采用地面材质区别的方式。活动空间采用耐磨的仿古砖，而休息空间则用了舒适的木地板。小家在硬装方面做得非常简洁，没有过多的造型和修饰，客厅和卧室间用了一面门连窗的隔断划分空间，在增加私密性的同时也保留了自然采光。软装方面则更多地利用一些复古的家具和工业感的铁艺灯饰来增加空间气质。随处可见的绿色小盆栽给这个小空间带来了勃勃生机。

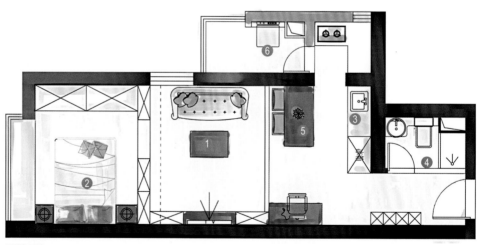

平面布置图

① 客厅　② 卧室　③ 厨房　④ 卫生间　⑤ 餐厅　⑥ 阳台

L型吊顶增高了空间感

L形吊顶，装饰顶面的同时增高了空间感觉，是一种很好的处理手法。不是传统想象中的越吊越低，而是给顶面增加了参照物，反而会觉得房顶较高。

通透的窗洞增加房间采光

通透的窗洞同样是常见的半隔断方式，在这里既起到了客厅采光的作用，又丰富了空间表情。

小巧的餐桌隔开了厨房与客厅，且巧妙地利用了厨房的走廊作为就餐的椅子活动区。在硬装方面做到最简，真正轻装修重装饰。每个吊灯的选择都很有设计感，包括小配饰盆栽都给空间增加了许多生机。

巧妙地用地面材质来区分休息区和功能区的空间，既保证了功能区的清洁方便，又提高了休息区的舒适性能。

综合点评 一套功能齐全的小户型，典型的轻装修重装饰。在不增加一分钱投入的同时保证了装饰效果和居住情趣。

东南亚混搭小窝

设 计 师　郭筱玉

建筑面积　50 平方米
装修主材　清水泥墙地、红砖、原始木作、七彩玻璃、民俗饰品

特色指数：★★★★★
经济指数：★★★★☆
实用指数：★★★★☆
大众指数：★★☆☆☆

　　混合了传统民族风情与东南亚情调，用色上大红大绿。浓墨重彩，是这个小家的最大特色。由于面积有限，设计师在功能性分区方面，也着实下了一番闪展腾挪的功夫。首先，为了节约空间和方便使用，设计师把卫生间的面积缩小了，将洗手台放在了卫生间的外面。其次，为了方便下厨，设计师还将厨房做了一些调整，开放式的厨房分为两部分，平时工作忙的时候主要使用开放式的西餐厨房部分，做一些简单的食物；时间充足的时候就可以在封闭的中厨里大展身手一番。最后，设计师将阳台的面积也利用起来，打开后做了一个休闲区。

平面布置图

① 客厅　② 卧室　③ 厨房　④ 餐厅　⑤ 卫生间　⑥ 书房

布帘分隔不同功能区

各个功能区之间仅仅用布帘来作分割，营造浪漫居家氛围的同时也成就了大空间的通畅效果，红砖饰面的床头隔断一方面解决了书房的电脑桌功能，另一方面实现了床头功能，一举多得。

一个功能区多种利用

小空间的功能重复利用，比如榻榻米区域玩电脑时是书房，睡觉时是客房，同时也可以是储物的柜子，非常实用。此外，休闲茶区还可以增加升降桌，开合自如，休闲、休息多种功能重合，非常实用。

各种灯光的搭配应用增加情趣及实用性，有效调节空间压迫感。角落的暗藏光源即便是深夜起床也不会刺眼难受，很人性化。七彩的吊灯除了照明外还很好地烘托了空间特质。

Ⓒ

朦胧手法拓展视觉，比如紫色纱帘就应用得恰如其分，除了收放自如的隔断功能以外，色彩也起到了点亮空间的作用，并给空间增添妩媚朦胧的美感。

Ⓒ

综合点评 第一眼看到本案例作品，可以用一个词来形容，那就是"妖艳"，如果用几个关键词来形容可以是自然、女性、豪放、摩登、小窝，很好地体现设计师细腻和追求自然的内心世界，是为业主开辟的一片家居乐土。

360度南亚风情
度假景观住宅

建筑面积　45平方米
装修主材　樟子松板材、白橡木面板、硅藻泥、马赛克、灰玻
设计公司　深圳深蓝设计

特色指数：★★★★★
经济指数：★★★☆☆
实用指数：★★★★☆
大众指数：★★★★☆

　　这是一套小房子，室内使用面积只有45平方米，但是拥有无敌的高尔夫景观。所以，拥有一个接近20平方米的大阳台是相当重要的。入户处的门洞原本是要做造型处理的。但因为梁的高度过低，于是从简，一侧摆放了定制的原木鞋柜。因为面积的关系，厨房做成开放式的。休闲区的墨绿色顶面与窗外的绿色相得益彰，并且也与卧室的床头墙颜色保持一致。雕花木窗采用全实木雕刻，价格不菲。卧室的衣柜选择现场定制，柜门上的椰壳板别具特色。客厅造型奇特的电视柜是设计师挑选木头后，让工人师傅打磨加工的。

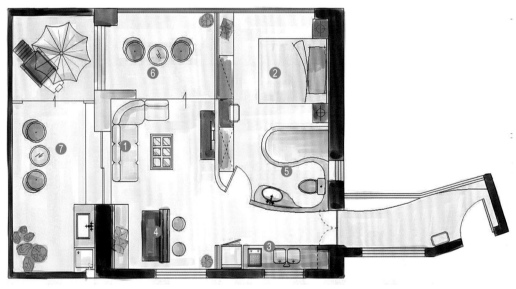

平面布置图

① 客厅　② 卧室　③ 厨房　④ 餐厅　⑤ 卫生间
⑥ 书房　⑦ 阳台

开放式设计的卫生间让人眼前一亮

大胆的开放式卫浴设计让人耳目一新，设计师用常见的地中海风格表现手法做出了不一样的南亚风情，非常适合这种度假型的环境。

利用搁板设计储物空间

在地台和卧室之间的雕花窗下方，巧妙利用木隔板设置了储物空间，成为一个简易的书架，真正充分利用了室内的每一处空间。

米黄色的墙面彰显出热带特有的温度，而绿色的房顶以及配饰就好像那原始森林一样神秘且清新。实木菩提叶雕花窗的半透转轴隔断营造浓郁的异域风情。原始木作的家具处处体现着质朴无华的空间气质。

◁

卧室的装饰同样集中在墙面的色彩和家具方面，而顶面依然是简洁到空白。实木雕刻的柜门间隔有石材马赛克的装饰，显得古朴自然。民族特色的窗帘，以及东南亚风格的漆画和铜艺壁灯均流露出清雅的度假风情。

◁

 综合点评　首先，这个小户型 360 度的全景采光无可挑剔，处处洋溢着清新氧气的感觉，再加上设计师的巧妙布局，各种功能一应俱全。是一个很好的度假户型范例。

设 计 师 陈相和

魅力中国红

建筑面积 25 平方米
装修主材 灰色仿古砖、黑色混油隔断、橘黄色单色壁纸、玻璃柜门
设计公司 昆明中策设计

特色指数：★★★★☆
经济指数：★★★★☆
实用指数：★★★☆☆
大众指数：★★★★☆

　　黑白灰的经典搭配是整个设计的亮点。客厅中美艳的红色作为主线贯穿整个空间，简约个性的沙发、个性的抱枕、袖珍的装饰画，以及各种小配饰活跃了整个空间氛围。黑色圆窗成为主卧和书房两个空间的最大亮点。电视机巧妙地内嵌到橱柜中，移动便捷的小餐桌，都最大程度的节约了空间。整个空间清晰诠释"麻雀虽小，五脏俱全"。灰色、米色、黑色贯穿整个卫生间的墙地面，简约明亮的镜柜既扩大了卫生间的视觉空间感，又提供了足够的储藏功能。

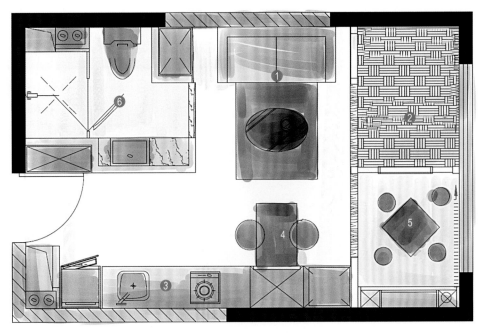

平面布置图

① 客厅　② 卧室　③ 厨房　④ 餐厅　⑤ 书房　⑥ 卫生间

厨房的抽屉可以充当餐桌

整体厨房的抽屉抽出来可以充当餐桌，设计得非常巧妙，而关上以后丝毫不露痕迹，完全看不出来。

厨房和客厅共用走廊空间

整面墙的中国红橱柜，营造一丝高贵。厨房在和客厅共用了走廊部分空间后，使得原本狭小的空间通过重叠区的置换，扩大了各自的活动范围，同时拥有了大客厅和大厨房。

时尚的镜面半透隔断，巧妙地利用了中国古典园林中的透景手法，似透非透的空间中制造了不一样的中国表情。
◁

日式的榻榻米混搭其中，用黑色木制品来诠释其质感，反而有了一些汉唐风范，加上简约的线条，呈现出来的是十足的新东方风格的古典美。

透过圆形的漏窗看休息区，满眼的中国红，还有属于那个年代的五角星，一切都是那么亲切，通过后现代的表现手法诠释出来后，却又充满了时尚酷炫的质感。

 综合点评　时尚魅力的中国红，经典的黑白灰，含蓄的古典美，时尚的后现代，几个元素看似矛盾，然而这一切通过设计师的有机结合，完美地呈现在同一个空间中。

设 计 师 田浩

视觉多重奏

建筑面积 62平方米
装修主材 爵士白大理石、蓝色覆膜玻璃、木制品、黑色家具、灰色地毯
设计公司 田浩设计工作室

特色指数：★★★☆☆
经济指数：★★★★★
实用指数：★★★☆☆
大众指数：★★★★☆

　　以干练的设计手法体现年轻的生活方式，简洁的线条和干净明亮的色调衬托出主人的品位和生活态度。设计师首先将厨房两侧墙体敲掉，改为开敞式厨房，且设置了一个小吧台，既使得整个空间更加通透，又增添其休闲氛围。其次去掉主卧侧面的一部分墙体，用有色玻璃做成通透感十足的衣柜，既具实用性又具装饰性。然后将墙面填充成圆弧形，使其与椭圆形的床相互呼应，整体视觉和谐。最后在阳台栏杆处设置吧台区，在欣赏风景的时候也可品酒，更添情趣。

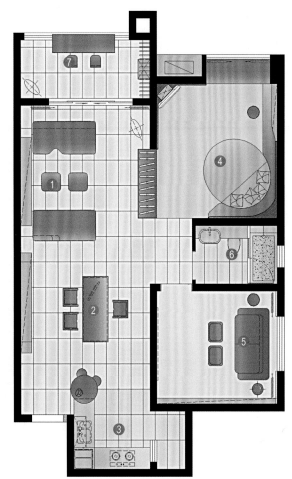

① 客厅
② 餐厅
③ 厨房
④ 卧室
⑤ 多功能房
⑥ 卫生间
⑦ 阳台

平面布置图

114

蓝色透明玻璃制作衣柜

主卧室原有墙体拆除，借用蓝色透明玻璃制作的衣柜来做隔断，隔而不断，相映成趣。蓝色透明玻璃衣柜在充当收纳功能的同时，也是整个空间的亮点。

白色墙面与顶面可以更好地放大空间

把简约做到极致，去除一切不必要的修饰，甚至连踢脚线都没有。顶面同样没有任何收边，白色打底的整个空间干净明亮，黑色的家具线条和画框勾勒出硬朗简洁的几何边界。

壁挂式卫浴节省空间

壁挂式坐便器和洗脸盆在节省空间的同时避免了卫生死角。木色的基调使得卫生间不会显得过于冰冷，创造了较高的舒适度。

餐厅那把木色的椅子也是设计师的空间序曲之引子，为卫生间的木制背景做了一个铺垫，从而不至于显得突兀。餐厅的陈设装置用简约的几何形状来打破极简的氛围，加以暗绿色的花艺使得整个空间生机盎然、多姿多彩。

开辟了独立的视听室，使得会客区的功能更加专一，而且也避免了互相干扰。后现代的视听室依然延续黑白灰为基调色，用几张海报壁画来增加空间的可读性和空间高度。镜面背衬的 CD 架双倍拓展了室内的空间视觉。

综合点评 年轻时尚的简约风格，极具表现力的后现代气质。设计师旨在打造一个时尚简约型的靓丽空间，让一切都回归生活，变得那么单纯、那么放松。

多功能的生活盒子

设 计 师 周娇娇

建筑面积 28 平方米

装修主材 板式订制家具、翻板床、烤漆玻璃、强化地板、小尺寸家电

设计公司 上海 D6 设计

特色指数：★★☆☆☆
经济指数：★★★★☆
实用指数：★★★★★
大众指数：★★★★☆

不管多小的房子，在设计师手里，都能打造出属于自己的特色。茶几餐桌是二合一的，打开的时候可以变成餐桌使用。用完餐之后，再把桌子收起来，就可以做一个简易而轻巧的茶几。把沙发后面的背景墙拉下来，就是一张完整的床，而且，床垫、靠枕是一体的，不用使用一次铺一次这么繁琐，节省了很多不必要浪费的时间。客厅变卧室，将生活与休息的功能相结合，让客厅不再只有一种功能。床的大小和平时正常睡觉的床尺寸是一样的，舒适度一点也不打折扣。旁边设计的一些小柜子，可以用来当书架，满足了书房的功能，也可以用来当储物柜、饰品柜等。可收缩的电视很好地节省了空间。

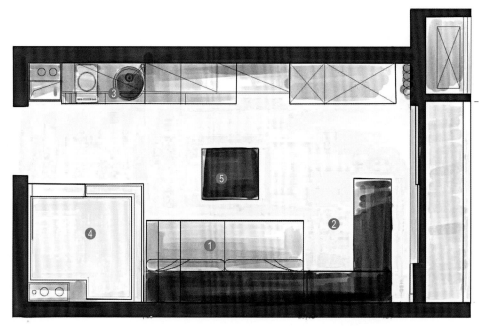

平面布置图

① 客厅 + 卧室　② 书房　③ 厨房　④ 卫生间　⑤ 餐桌 + 茶几

洗衣机与冰箱安置得当

洗衣机巧妙地放置在厨房台面下方,并给冰箱预留空位。整体厨房的设计定制非常巧妙,有效地节省空间,增加面积的重复利用率。

多种功能重叠使用

动线流畅,多种功能重叠使用,是这个超小户型的最大亮点,可伸缩的电视机、可翻转的睡床,会变形的茶几可以摇身一变成餐桌,一切都非常实用方便。

橘色和深蓝对比色搭配凸显出时尚气息及空间层次感，深邃的蓝色增加了空间的景深和时尚气息，拓展了视觉空间。

城市建筑和卡通图案的墙贴给空间增添许多活力。自由收放的睡床兼具沙发的功能，而且舒适度毫不逊色。电视架可以自由伸缩，细节之处非常用心。

综合点评 法国人的浪漫是与生俱来的，法式风格是一种微妙的容易让人沉醉的浪漫情怀，而这种情怀就隐藏在本案例空间的各个角落里。

法式浪漫

设 计 师　牛国华

建筑面积　47.5平方米
装修主材　实木拼花地板、订制石膏花线、古典宫廷家具
设计公司　东合高端室内设计

特色指数：★★★★★
经济指数：★★☆☆☆
实用指数：★★★☆☆
大众指数：★★★☆☆

　　设计师秉承典型的法式搭配原则，在空间中大量使用白色，墙面细心雕琢优雅精美的法式线条和雕花，雅致浪漫却又贵气十足。具有宫廷感的布艺沙发和窗幔，陈设在外的贵妃浴缸，配合扶手和椅腿的弧形曲度，在造型独特的水晶吊灯照耀下散发出淡淡的法式脂粉味。瓷器烘托出优雅品位，而布艺沙发让整个空间显得更加安适。舒适的空间布局，制作工艺精细考究的家具，精心雕琢的陈设无不洋溢着法式风格追求的典雅气质，而局部的繁复雕饰凸显出古典的浪漫与奢华。

　　开门步入室内，环顾整个空间，没有夸张的造型，亦无强烈的视觉效果，空间自然、不造作，以雅致精美取胜，采用具有古典醇厚的历史文化底蕴元素，注重打造完美的生活体验，将古典气息完美融入休闲的现代生活中。

平面布置图

① 卧室　② 休闲区　③ 厨房　④ 卫生间

用石膏线勾勒几何面增加视觉高度

用石膏线把墙面都规划成竖矩形的几何面，来增加空间的视觉高度，再加上石膏大角线的应用，最高限度地保留原有高度，保证较大的空间效果，衬托出法式宫廷奢华的氛围。

利用走廊空间设计厨房

厨房放置在过道，巧妙地借用了走廊空间作为厨房区的活动范围，节省空间，并且最大程度地给起居区留出足够的面积。

浴缸原本在人们的思维中已经固定在了卫生间的领域，面对四面瓷砖墙毫无感受可言。本案例里设计师打破常规，将其放置在卧室的实木地板之上，可以享受窗外美景，阳光的清晨或午后来杯红酒泡个牛奶浴，是何等的惬意与享受！

精美绝伦的石膏线是法式宫廷风格不可或缺的元素，那份高贵与生俱来。淡粉色的墙面营造浪漫氛围，似乎空气中都是浪漫的芳香。精致的镀金花艺水晶吊灯是空间的画龙点睛之处，华美至极。

综合点评 28 平方米的超小户型容纳了日常生活所需的各种功能，互相重叠且互不影响。俨然是一个变形金刚。设计师充分的利用了每一处空间，做到了不浪费、不拥挤、不干扰，非常用心。

最爱夜巴黎

设 计 师　牛国华

建筑面积　56 平方米
装修主材　黑色地砖、镜面玻璃、波普家具、彩色墙漆
设计公司　东合高端室内设计

特色指数：★★★★☆
经济指数：★★★★☆
实用指数：★★★☆☆
大众指数：★★☆☆☆

这是一个用波普混搭手法打造的个性小家。出于小空间的考虑，设计师挑选了较小的实用家具，让空间显得宽敞，同时利用色彩和风格的差异诠释不一样的视觉对比效果。小空间虽然限制了家具的尺寸，但功能分区却依旧齐全，每个区域都有或明或隐的分割界限，从而完成本案例独一无二的夜色空间。

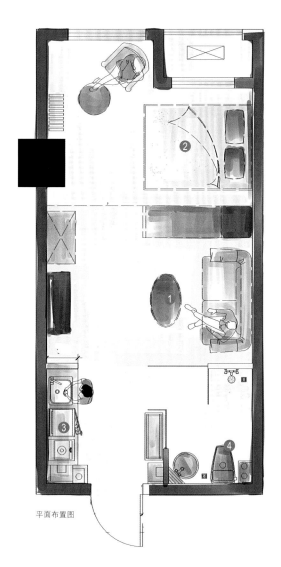

平面布置图

① 客厅　② 卧室
③ 厨房　④ 卫生间

巧用强烈的色彩对比拉开层次感

灰蓝色的墙面和卫生间的橘红色形成强烈的对比反差，从而拉开层次感，深颜色墙面配白色房顶会增加层高错觉，酒红色的沙发和紫色玻璃吊灯从画面中跳脱出来，增加了情趣。

利用地面抬高划分功能区域

地面抬高后划分开了休息和会客空间，加大了室内的趣味性，营造了仿佛舞台一般的戏剧感，古典的椅子用和室内色彩一致的拼布饰面，既呼应了色彩又突出了空间的个性。

用复古唱片做的挂画装点墙面，突出了另类的酷炫感；DJ 图案玻璃贴同样很贴题，现代感的空间气质加上复古的家具，配合夸张的色彩表达，营造了摩登感和时尚感。 ⊙

多彩的实木柜子展现出全新的时尚气质。手绘着蝴蝶图案的中式衣柜放在这里显得另类而有趣，泡泡的落地灯串联了所有色彩，仿佛它就是空间的焦点一样。 ⊙

 这套波普风格的作品刻意降低色彩饱和度，让空间显得厚重而有魅力，量身打造的软装饰品新颖而充满个性，表现出低调的奢华气质。

温馨大开间

建筑面积 42平方米
装修主材 强化地板、马赛克瓷砖、仿古瓷片、订制家具、乳胶漆
设计公司 弘悦设计

特色指数：★★★★☆
经济指数：★★★★★
实用指数：★★★★★
大众指数：★★★☆☆

　　设计师想要在这个小家中打破传统的空间格局。大胆地将传统的客厅、餐厅的设定取消，同时取消把卧室的隔断，仅仅利用一面电视墙作为居室内外的遮挡。利用原有的窗台作为沙发区，而把工作与用餐区合二为一，另外利用单调的墙面满足收纳的需求，让整个空间在兼备功能实用的同时也能够保持清爽通透的空旷感，让人居于内而不觉局促。

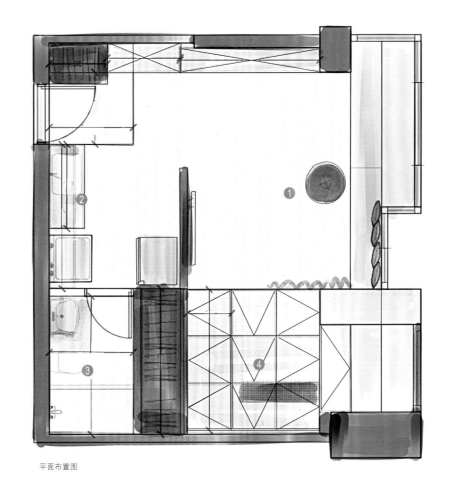

平面布置图

① 客厅　② 厨房　③ 卫生间　④ 卧室

唯一的轻体墙遮挡厨房的凌乱

把所有隔断全部拆除，唯一的轻体墙用来遮挡厨房的凌乱，整个空间素雅而又明亮，榻榻米具有海量的收纳空间，并且可坐可卧，随遇而安。

现场制作实用的固定家具

米白色的墙面和家具显得十分温馨，非常实用的衣柜大小恰到好处，到窗口处变成了吊柜和写字桌，巧妙的衔接最大程度地保证了采光，避免为了做实用的固定家具而牺牲珍贵的阳光来作为代价。

进入休息区的空间整体是用木制地台抬高处理的，这样可以避免地面的冰凉感，大大的增加舒适度，在整个休息区都可以随意的光脚走动。

由于窗台较高的缘故，设计师刻意制作了一个坐榻，既弱化了窗台的高度又增加了舒适性能，可以坐在这里看书赏花观景，惬意且随意。

综合点评 一个简约舒适的居住空间，有木的清香，天的蔚蓝以及温暖的阳光，让每一位家人都能感受到那份惬意与舒适。

设 计 师 钟莉

七彩糖果屋

建筑面积 70平方米
装修主材 灰黑色仿古地砖、深木纹实木地板、高纯度撞色乳胶漆、
民族特色壁纸、原木清、漆护墙板、白纱帘、做旧家具
设计公司 蓝翔设计工作室

特色指数：★★★★☆
经济指数：★★★☆☆
实用指数：★★★★☆
大众指数：★★★☆☆

　　结构改动很大，设计师直接把其中一个卧室改造成衣帽间和书房，另一个卧室做成全开放式的，再加上开放式厨房和干湿分区的卫生间，整体感觉就像是一个大的套房。此外，卧室和书房的榻榻米连成一体，凸显层次。设计上应用了时下最流行的最炫民族风元素，让小空间视觉最大化、居家更大化、实用性更大化。冷暖色系撞色具有很强的视觉冲击力，突破常规，加入浪漫元素。墙纸偏中式，家具的选择上偏美式，软装饰品也是偏美式的，精心的搭配让美式和中式在这个小家形成完美的结合。

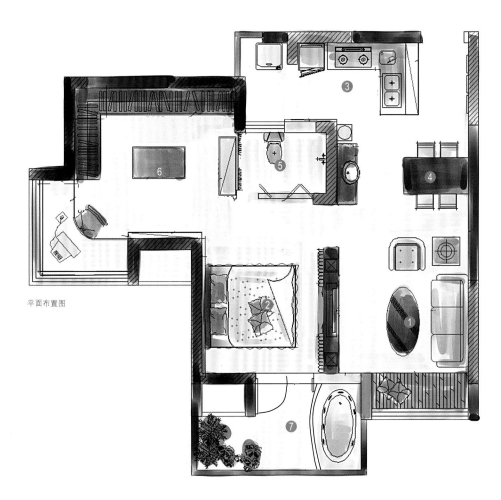

平面布置图

① 客厅　② 卧室　③ 厨房　④ 餐厅　⑤ 卫生间　⑥ 书房　⑦ 阳台

盥洗台成为餐厅一景

盥洗台的外置大大增加了卫生间的使用舒适度，而且还成了餐厅的一景，方便与实用一举两得。入户的鞋柜同样也是厨房水盆处的半高隔断，拓展视野的同时增加储物空间。

地台形式的睡眠区设计

开合自如的睡眠区隔断很好的创造了室内多种模式，而且相对成景颇有情趣。睡眠区地面抬高，做了无形的区域划分且不影响采光和视觉，大大增加了舒适度。

墙顶面全部采用了强烈的对比色彩，然而白色家具及纱帘的加入也显得尤为重要和巧妙，在比较艳丽的场景中起到调节作用调节，通过这种反差对比手法给整个空间一个充分的视觉休息区间。

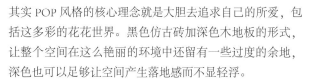

其实 POP 风格的核心理念就是大胆去追求自己的所爱，包括这多彩的花花世界。黑色仿古砖加深色木地板的形式，让整个空间在这么艳丽的环境中还留有一些过度的余地，深色也可以足够让空间产生落地感而不显轻浮。

 这套房子在小户型中已经算得上比较大了。而设计师在细节之处的用心规划额外拓展了房子的舒适度。波普风格的房子艳丽华美,在色彩的搭配把控方面非常讲究,融入了民俗元素而又不俗气,混搭的很成功。

超高的多变空间

设 计 师 游杰腾

建筑面积 26 平方米
装修主材 理石纹肌理漆、强化地板、钢化玻璃、钢琴烤漆整体厨房
设计公司 杰玛室内设计

特色指数：★★★☆☆
经济指数：★★★★☆
实用指数：★★★★★
大众指数：★★★★☆

　　26 平方米的套房空间是业主假日时休假居住的地方，日后作为出租之用。原本想作夹层空间，但考虑到压迫感太强，便改采全开放式设计。客厅及卧室采用 L 形活动柜体区隔，可弥补当客人数较多时，沙发不足的状况，也巧妙地避开一开大门时跟床头对冲的风水问题。功能上，不论鞋柜、衣柜等收纳皆相当充足，还有烫衣板，以备给将来出租的房客使用。

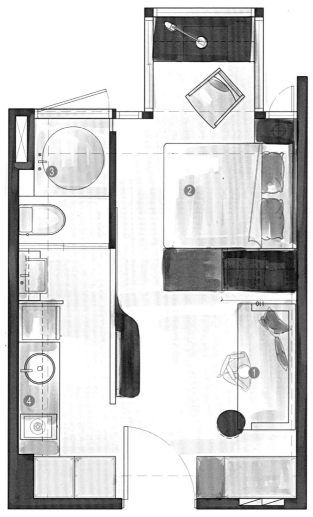

① 客厅
② 卧室
③ 卫生间
④ 厨房

平面布置图

半高隔断分隔功能区

半高隔断的巧妙利用，在区隔了厨房和客厅的同时还兼具了电视墙的功能。白色的整体厨房给人宽敞明亮的感觉，也放大了空间的视觉感受。

隔断具有强大的收纳功能

实用的储物空间在充当隔断的同时，亦是不容小觑的收纳空间，甚至连熨衣板都齐全了。这样的空间储物功能不是一般的酒店可以比拟的。

厨房把多种功能重合在一起

整体厨房的设计巧妙地利用了层高的优势做了双层顶柜，除了增加收纳，当然也更美观。小巧的圆形洗菜盆也是颇用心思，还有被掩盖在了台面下的全自动洗衣机冰箱，这么多的功能重合在一起，外观上看确实如此的简约时尚。

储物衣柜的局部悬空手法形成了一个半透的隔断，类似凿壁借光的原理，给了沙发区光源的同时又不影响实用的功能，用玻璃做了一个力的支撑，增加了空间的现代气质。

巧妙内敛的木作在这个家中的细节之处比比皆是，曲线的电视柜同时还柔化了空间；衣柜柜门的暗藏把手内敛质朴；从房顶垂落的书架简约而富有时代感。

 这是真正意义上的一套小居室，它所具备的功能可以满足日常一切所需。简约质朴的空间表达颇用心思，即便是久居也不会厌烦。

筑居一方的度假雅舍

设 计 师 李千惠

建筑面积 43 平方米
装修主材 实木地板、玻璃、木作贴皮、铁件
设计公司 千彩胤空间设计

特色指数：★★★★☆
经济指数：★★★☆☆
实用指数：★★★★★
大众指数：★★★☆☆

　　在有限的预算下，业主期待能在一房一厅的基本格局外，增设一间卧房的功能。设计师利用吧台侧面深度收纳鞋柜，并降低地面改以瓷砖铺面吸附落尘。因为增设吧台与玄关缩小了部分空间，设计师将家具量体靠墙放置，创造一个采光明亮的公共空间，并将轻钢架旋转电视置于空间轴心处，视听线材布置于天花上，收纳于厨房墙侧柜体内，简化线条。而延伸后的视觉，可穿透玻璃门远望主卧，拉大空间感。至于业主期待增设的房间，设计师利用达 60 厘米的梁体深度设置下掀床，并设计可收于墙面内的清玻拉门弹性隔间，后方主卧房另架高地板形成独立区域。除了延伸梁下空间设置大衣柜外，设计师还打造窗边上掀柜，并将大楼逃生器材藏于其中。

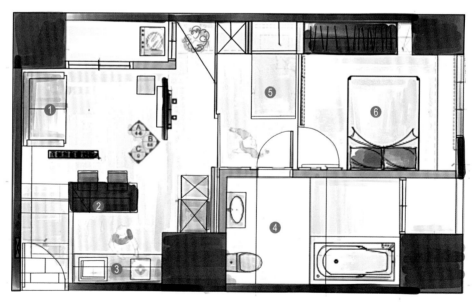

平面布置图

① 客厅　② 餐厅　③ 厨房　④ 卫生间　⑤ 次卧　⑥ 主卧

可旋转电视兼顾两个方向的视听功能

可旋转的电视支架，既可以兼顾两面的视听功能，也起到了隔断的作用。厨房的吧台在充当了餐桌功能的同时，隔离了较为凌乱的厨房空间，使整个室内看起来干净雅致。

把睡床和卫生间都隐形起来

全透明的玻璃隔断加百叶帘，开合自如，私密性和通透性兼顾。另外，左侧向下拉把手就是一个翻床，可供客人临时居住。右侧是卫生间的木制隐形门，整体的色彩素雅，线条简约，在实现功能的同时藏而不露。

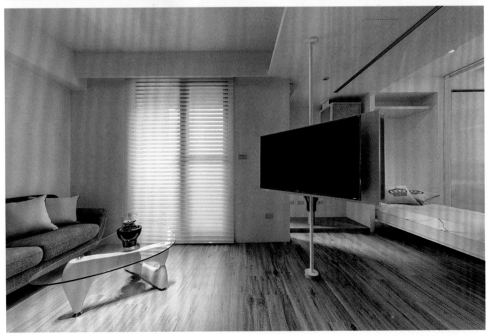

隐形门凹凸的表面以及宽窄的律动，包括开关的并排布置，细节之处非常用心。同时临时客卧还有一道隐藏在墙内部的移门隔断，方寸之间用尽心思，非常实用和巧妙。

主卧室的墙中柜内敛大方，白色的烤漆
移门简约干净。侧边为了避免过于单调，
同时增强实用性，特地增加了书架储物
格，窗户处利用窗台的高度做了实用的
储物柜子。

⊙

综合点评

整体色调素雅，清心雅致，用非常精心的
细节设计打造出一个简约实用的小户型空
间。真正做到简约而不简单。

港式大 HOUSE

建筑面积　42 平方米
装修主材　强化地板、订制家具、墙面硬包、壁纸
设计公司　香港维斯林室内设计

特色指数：★★★★☆
经济指数：★★★☆☆
实用指数：★★★★☆
大众指数：★★★☆☆

　　业主以租赁为目的装修这个小家，以年轻夫妇为租赁对象，因此风格定位于现代化的舒适设计。大多数人常做的是把床定位在角落，以一个大背景衬托着，设计师却偏偏把它放置在房间的中间，留着四周的空间为走道，再加上小吧台以及沙发，这三个功能区域联合成一个巨大的结构，成为这个单室公寓房的中心，然后留下其余的墙体用作电视墙、书桌和衣柜，为这小单位节省了大量的空间。

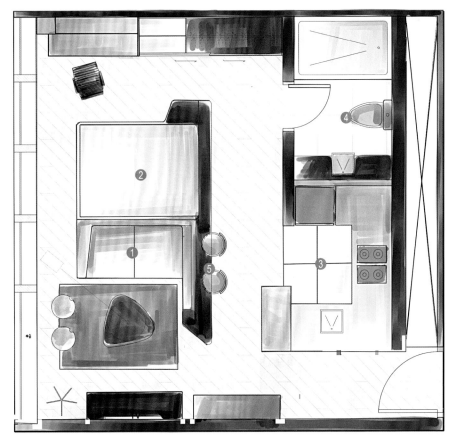

平面布置图

① 客厅　② 卧室　③ 厨房　④ 卫生间　⑤ 吧台

多种功能集中在房子中央

在不大的空间中，将床、沙发、吧台、茶几等家具放在房子中央，形成一个起居活动中岛，这样既不用增加隔断来阻隔空间，又合理的划分了各区域的功能，特殊订制的床头和吧台形成了一个半高形式的隔断，实用与美观兼备。

墙上设计大衣柜与电脑写字桌

对面的墙上安置了实用的大衣柜和电脑写字桌，和生活中心共同利用走廊空间，在保证了较大的空间视觉感受的同时实现了储物功能。

吧台一直延伸至床头板

小吧台一直延伸至床头板，延伸了整个空间的长度。并且设计师只在小吧台上使用了两盏悬垂的小吊灯，其余位置使用装在天花的单盏 LED 灯和灯带，这令环境更整齐，增强了空间感。

厨房的地面采用了方便清洁的瓷砖。整体色彩以黑白灰色为基础色，浅木色穿插其中自然有趣，绿色的地毯好像草坪一样生机勃勃。 ⊘

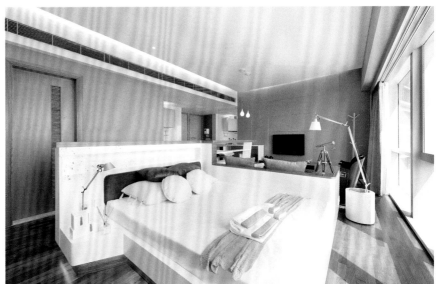

用大面块的素雅色彩来装饰墙面是港式现代住宅中常见的手法，给人的感觉整洁美观。格子皮革硬包错落有致的拼贴手法凸显了房子的层高优势。

综合点评

一套颇具创新的小户型设计，中岛形式的起居活动空间集合了所有功能，增加了使用的舒适度。

设 计 师　牛国华

黑白默片

建筑面积　45 平方米
装修主材　黑白电影人物壁画、黑色钛钢条、格子壁纸、灰色强化地板
设计公司　东合高端室内设计

特色指数：★★☆☆☆
经济指数：★★★☆☆
实用指数：★★★☆☆
大众指数：★★★★☆

　　因为面积的局限性，设计师对每寸空间的利用都极其用心，衣柜、洗衣机、冰箱采用传统的方式并排放在空间的边缘地带，既不影响整体美感，又充分利用空间。软装、硬装的结合让黑白色系发挥到极致，从墙面与吊顶的黑色线条、再到桌椅间随处摆放的黑白照片，赋予空间极简的个性。

　　没有厚重的颜色，没有夸张的造型，没有豪华的装饰，一切都是那么随意自然、简约大气，却又不乏浪漫温馨。在这小小的空间里，设计师将线条运用得巧妙极致，以大大小小的比例线条，通过讲究的尺寸、布局打造视觉空间。落地窗、黑白格、背景墙等既渗透着好莱坞的国际情结，又将现代时尚作出精准的解读，让人仿佛感受到现在与过去时空交错的虚幻感觉。

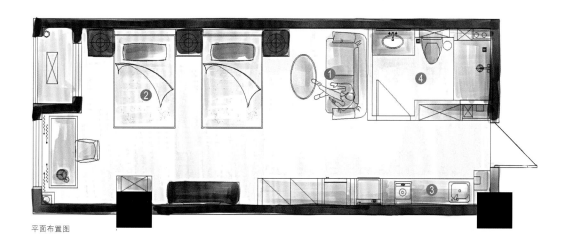

平面布置图

① 客厅　② 卧室　③ 厨房　④ 卫生间

巧借卫生间面积增加鞋帽柜

原本没有放置入户鞋帽柜的位置，设计师通过拆墙改造，巧借卫生间的面积增加一个鞋帽柜。厨房和走廊共用空间，增加了空间的使用率，拓展了舒适度和视觉感受。

饰品柜巧妙装饰原本凸出的柱子

简洁的饰品柜巧妙地装饰了原本凸出的柱子，还增加了储物功能，柜门的细节处理和其他部位保持一致，并且隐藏了梳妆台的位置，使得空间看起来更加整洁。

抽象的小鸟自由翱翔在黑白格子组成的背景中，成为一幅可以让人产生思考的艺术装置画面。规整的线条有效地区分了空间且没有增加任何实质的障碍物。

通过黑白好莱坞影片壁画来让空间讲故事，原本乏味的黑白空间有了生活和艺术的味道。沙发的背景恰似一个由点到线再到面的演变过程，使空间富有张力，增添气质。

整体灰色的洞石纹瓷砖，构成了规律的线条律动。造型简约的洗手台、吊顶的黑色线条，和整体家居风格感觉一致，形成一种延续。Ⓒ

综合点评 线条对造型来讲具有非凡的表现力，这个小宅在满足一切日常功能之余，还让主人体验了点线面结合的黑白时尚空间，需要观者细细品味。

时尚白色之恋

设 计 师　黄士华

建筑面积　45 平方米
装修主材　爵士白纹理瓷砖、复合地板、马赛克、洞石纹理瓷砖、乳胶漆
设计公司　隐巷设计顾问

特色指数：★★☆☆☆
经济指数：★★★★☆
实用指数：★★★☆☆
大众指数：★★★★☆

　　在内部空间规划上，小户型与大户型的生活基本需求一样，在设计中更需要注意保障生活机能，通过细致的设计，创造每寸空间利用的价值。本案例因户型面积限制，设计师采取了开放式厨房与客厅，并利用两者重叠的空间设置餐桌，兼具吧台功能，让生活方式更完整，满足亲朋好友拜访时的需求。

　　色彩方案上采用浅色调为主，并在开放式厨房选择大理石材质，辅以灰橡木地板搭配，创造出现代自然感受。中岛餐桌使用白色大理石，作为空间的点睛之笔，提升空间品质感，在满足生活需求的同时让人感受到设计带来的精神满足。

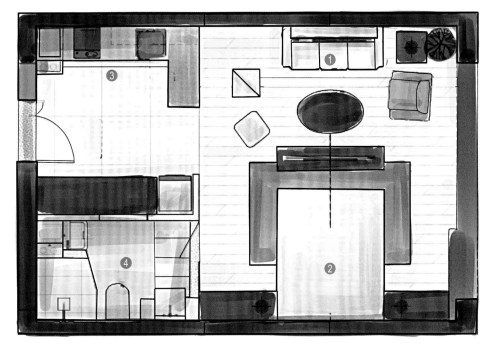

平面布置图

① 客厅　② 卧室　③ 厨房　④ 卫生间

缩小卫生间成就超大厨房

卫生间缩小一点，成就了一个对小户型来说比较奢侈的超大厨房，厨房的操作空间和入户的过道重合，也增大了过道的宽度。

电视柜作为卧室和客厅之间的隔断

床尾放置电视柜和电视，充当了卧室和客厅之间的无形隔断，隔而不断，互相连通，保持了原有的光线和通透感。并且可以随时更换家具的摆放布局来获得新的空间感受。

沙发后背的水墨风格抽象荷叶组合挂画，引发人们内心的中国情结，中国红的落地灯似乎是为了渲染场景而特意搭配的，还有葫芦形状的台灯，都有着美好的东方寓意。

与厨房一体的餐区吧台实用又美观，既是玄关通透的遮挡，又具有就餐功能。整体白色的钢琴烤漆橱柜配上爵士白纹路的瓷砖，白得纯洁高雅。绿色的植物和吧椅点缀其中，增加了盎然的生机。

综合点评 简约的时尚白，其实是由绿色和木色衬托而成就的，这样的色彩搭配让空间仿佛充满清新的氧气，自由自在，成就简意随心的品质小宅，真正的生活本来就不需要太多刻意，不是么？